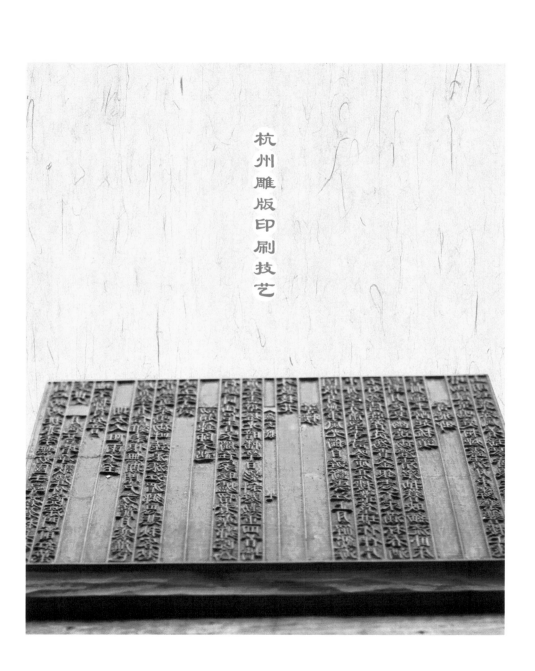

杭州雕版印刷技艺

杭州雕版印刷技艺

总主编 金兴盛

浙江省非物质文化遗产代表作丛书

浙江摄影出版社

杨杭芳 洪莉华 编著

总　序

中共浙江省委书记
省人大常委会主任　夏宝龙

　　非物质文化遗产是人类历史文明的宝贵记忆，是民族精神文化的显著标识，也是人民群众非凡创造力的重要结晶。保护和传承好非物质文化遗产，对于建设中华民族共同的精神家园、继承和弘扬中华民族优秀传统文化、实现人类文明延续具有重要意义。

　　浙江作为华夏文明发祥地之一，人杰地灵，人文荟萃，创造了悠久璀璨的历史文化，既有珍贵的物质文化遗产，也有同样值得珍视的非物质文化遗产。她们博大精深，丰富多彩，形式多样，蔚为壮观，千百年来薪火相传，生生不息。这些非物质文化遗产是浙江源远流长的优秀历史文化的积淀，是浙江人民引以自豪的宝贵文化财富，彰显了浙江地域文化、精神内涵和道德传统，在中华优秀历史文明中熠熠生辉。

　　人民创造非物质文化遗产，非物质文化遗产属于人民。为传承我们的文化血脉，维护共有的精神家园，造福子孙后代，我们有责任进一步保护好、传承好、弘扬好非物质文化遗产。这不仅是一种文化自觉，是对人民文化创造者的尊重，更是我们必须担当和完成好的历史使命。对我省列入国家级非物质文化遗产保护名录的项目一项一册，编纂"浙江省非物质文化遗产代表作丛书"，就是履行保护传承使命的具体实践，功在当代，惠及后世，有利于群众了解过去，以史为鉴，对优秀传统文化更加自珍、自爱、自觉；有利于我们面向未来，砥砺勇气，以自强不息的精神，加快富民强省的步伐。

党的十七届六中全会指出，要建设优秀传统文化传承体系，维护民族文化基本元素，抓好非物质文化遗产保护传承，共同弘扬中华优秀传统文化，建设中华民族共有的精神家园。这为非物质文化遗产保护工作指明了方向。我们要按照"保护为主、抢救第一、合理利用、传承发展"的方针，继续推动浙江非物质文化遗产保护事业，与社会各方共同努力，传承好、弘扬好我省非物质文化遗产，为增强浙江文化软实力、推动浙江文化大发展大繁荣作出贡献！

（本序是夏宝龙同志任浙江省人民政府省长时所作）

前　言

浙江省文化厅厅长　金兴盛

要了解一方水土的过去和现在，了解一方水土的内涵和特色，就要去了解、体验和感受它的非物质文化遗产。阅读当地的非物质文化遗产，有如翻开这方水土的历史长卷，步入这方水土的文化长廊，领略这方水土厚重的文化积淀，感受这方水土独特的文化魅力。

在绵延成千上万年的历史长河中，浙江人民创造出了具有鲜明地方特色和深厚人文积淀的地域文化，造就了丰富多彩、形式多样、斑斓多姿的非物质文化遗产。

在国务院公布的四批国家级非物质文化遗产名录中，浙江省入选项目共计217项。这些国家级非物质文化遗产项目，凝聚着劳动人民的聪明才智，寄托着劳动人民的情感追求，体现了劳动人民在长期生产生活实践中的文化创造，堪称浙江传统文化的结晶，中华文化的瑰宝。

在新入选国家级非物质文化遗产名录的项目中，每一项都有着重要的历史、文化、科学价值，有着典型性、代表性：

德清防风传说、临安钱王传说、杭州苏东坡传说、绍兴王羲之传说等民间文学，演绎了中华民族对于人世间真善美的理想和追求，流传广远，动人心魄，具有永恒的价值和魅力。

泰顺畲族民歌、象山渔民号子、平阳东岳观道教音乐等传统音乐，永康鼓词、象山唱新闻、杭州市苏州弹词、平阳县温州鼓词等曲艺，乡情乡音，经久难衰，散发着浓郁的故土芬芳。

泰顺碇步龙、开化香火草龙、玉环坎门花龙、瑞安藤牌舞等传统舞蹈，五常十八般武艺、缙云迎罗汉、嘉兴南湖掼牛、桐乡高杆船技等传统体育与杂技，欢腾喧闹，风貌独特，焕发着民间文化的活力和光彩。

永康醒感戏、淳安三角戏、泰顺提线木偶戏等传统戏剧，见证了浙江传统戏剧源远流长，推陈出新，缤纷优美，摇曳多姿。

越窑青瓷烧制技艺、嘉兴五芳斋粽子制作技艺、杭州雕版印刷技艺、湖州南浔辑里湖丝手工制作技艺等传统技艺，嘉兴灶头画、宁波金银彩绣、宁波泥金彩漆等传统美术，传承有序，技艺精湛，尽显浙江"百工之乡"的聪明才智，是享誉海内外的文化名片。

杭州朱养心传统膏药制作技艺、富阳张氏骨伤疗法、台州章氏骨伤疗法等传统医药，悬壶济世，利泽生民。

缙云轩辕祭典、衢州南孔祭典、遂昌班春劝农、永康方岩庙会、蒋村龙舟胜会、江南网船会等民俗，彰显民族精神，延续华夏之魂。

我省入选国家级非物质文化遗产名录项目，获得"四连冠"。这不仅是我省的荣誉,更是对我省未来非遗保护工作的一种鞭策,意味着今后我省的非遗保护任务更加繁重艰巨。

重申报更要重保护。我省实施国遗项目"八个一"保护措施,探索落地保护方式,同时加大非遗薪传力度,扩大传播途径。编撰浙江非遗代表作丛书,是其中一项重要措施。省文化厅、省财政厅决定将我省列入国家级非物质文化遗产名录的项目,一项一册编纂成书,系列出版,持续不断地推出。

这套丛书定位为普及性读物,着重反映非物质文化遗产项目的历史渊源、表现形式、代表人物、典型作品、文化价值、艺术特征和民俗风情等,发掘非遗项目的文化内涵,彰显非遗的魅力与特色。这套丛书,力求以图文并茂、通俗易懂、深入浅出的方式,把"非遗故事"讲述得再精彩些、生动些、浅显些,让读者朋友阅读更愉悦些、理解更通透些、记忆更深刻些。这套丛书,反映了浙江现有国家级非遗项目的全貌,也为浙江文化宝库增添了独特的财富。

在中华五千年的文明史上,传统文化就像一位永不疲倦的精神纤夫,牵引着历史航船破浪前行。非物质文化遗产中的某些文化因子,在今天或许已经成了明日黄花,但必定有许多文化因子具有着超越时空的生命力，直到今天仍然是我们推进历史发展的精神动力。

省委夏宝龙书记为本丛书撰写"总序"，序文的字里行间浸透着对祖国历史的珍惜，强烈的历史感和拳拳之心。他指出："我们有责任进一步保护好、传承好、弘扬好非物质文化遗产。这不仅是一种文化自觉，是对人民文化创造者的尊重，更是我们必须担当和完成好的历史使命。"言之切切的强调语气跃然纸上，见出作者对这一论断的格外执着。

非遗是活态传承的文化，我们不仅要从浙江优秀的传统文化中汲取营养，更在于对传统文化富于创意的弘扬。

非遗是生活的文化，我们不仅要保护好非物质文化表现形式，更重要的是推进非物质文化遗产融入愈加斑斓的今天，融入高歌猛进的时代。

这套丛书的叙述和阐释只是读者达到彼岸的桥梁，而它们本身并不是彼岸。我们希望更多的读者通过读书，亲近非遗，了解非遗，体验非遗，感受非遗，共享非遗。

2015年12月20日

目录

总序
前言

序言
一、概述
[壹]杭州雕版印刷技艺的历史沿革 / 008
[贰]杭州雕版印刷技艺的传播与影响 / 050

二、杭州雕版印刷技艺的内容与特征
[壹]工具与材料 / 056
[贰]技法与工序 / 059
[叁]特征与价值 / 070

三、杭州雕版印刷技艺代表作品
[壹]历史上杭州雕版印刷技艺代表作 / 076
[贰]近现代杭州雕版印刷技艺代表作 / 083
[叁]当代杭州雕版印刷技艺传承人代表作 / 086

四、杭州雕版印刷技艺的保护与传承
[壹]传承谱系 / 130
[贰]现状与措施 / 135

附录
主要参考文献
后记

序言 // PREFACE

　　杭州雕版印刷技艺作为我国传统典籍印刷的重要技术，犹如中国传统文化的一颗璀璨明珠。一直以来，它凭借悠久的历史和独到的技法，在印刷史上占据着重要的历史地位。从五代时期开始，杭州地区便集中了一大批优秀的刻工，刊刻印刷质量位居前列。南宋时期，都城南迁至临安（今杭州），杭州雕版印刷业达到鼎盛时期。以杭州为代表的浙本，用笔方正刚劲，刀法娴熟，转折笔画轻细有角，不留刀痕，反映原来字体最为忠实，成为后世刻书的楷模。发展至清代，杭州雕版印刷应用领域更为广泛，技术更为精湛。

　　杭州雕版印刷是将需印刷的文字或图像书写（画）于薄纸上，再反贴于木版表面，再由刻版工匠雕刻成反体凸字，即成印版。印刷时先在印版表面刷墨，再将纸张覆于印版，用干净刷子均匀刷过，揭起纸张后，印版上的图文就清晰地转印到纸张上，从而完成一次印刷。整个过程大体分为选材、雕刻、印刷三个步骤，工艺流程包含临摹、勾描、粉色、雕版、印刷、修整、装帧等程序。杭州雕版印刷技法丰富，共有浸蒸、取版、刨涂、磨版、描稿、拳刀、崩刀、重刀、铲底、成型、对稿、夹纸、对版、调色、干印、湿印、刷、砑、掸、饾版、拱花二十一种。此项技艺经历了由简单至复杂，从单色印刷、手工填色到多色印刷的发展过程。其印刷产品历来以选材精良、刻工精巧、印刷精美而著称。后期的水印名家复制品更被称为"下真迹一等"，存世优秀作品众多。

杭州雕版印刷因手工技术繁复，要求雕刻者技艺精湛、经验丰富。既要对书法、国画、篆刻、古文有较高的修养，又需具有极强的毅力和矢志不渝的热情。由于刻书即劳神又费力，回报有限，导致从业者所剩不多，此项技艺一度面临传承问题。

近年来，西湖区委、区政府对杭州雕版印刷技艺给予了高度的重视，区文化广电新闻出版局和北山街道采取了一系列扶持、保护措施，使这项传统技艺得到了较好的继承和保护。从2005年起，省、市、区文化部门便将杭州雕版印刷技艺列为重要非物质文化遗产项目。通过积极的申报，于2006年列入杭州市非物质文化遗产名录，2012年成功入选第三批国家级非物质文化遗产名录。2008年1月,该项目传承人黄小建被评定为第一批浙江省非物质文化遗产代表性传承人。此后,区文化广电新闻出版局和北山街道文化站对杭州雕版印刷技艺的基本形态及其沿革传承进行了全面的调查、记录。2014年7月,在区政协、区文化广电新闻出版局和区市场监管局的大力支持下,具有独立法人资格的杭州黄小建雕版艺术工作室正式成立,成为国家级非物质文化遗产项目杭州雕版印刷技艺的责任保护单位,从事该项目的保护、传承、宣传、展示、利用等工作。

同时,西湖区北山街道综合文化站作为杭州雕版印刷技艺的职责保护单位,深入开展传承、保护工作:一、设立由政府主导、社会力量和民众参与的非物质文化遗产保护委员会这一专业职能机构,负责雕版印刷技艺(杭州雕版印刷技艺)保护传承的有关日常管理工作。二、设立非物质文化遗产项目保护专项经费,定期举行国家级非物质文化遗产项目宣传、培训、讲座等传承工作，组织参加各类展览、交流等活动，加大保护、宣传力度。三、从加强社会地位、提高知名度等方面入手，对雕版印刷技艺（杭州雕版印刷技艺）民间传承人进行切实的保护。四、鼓励传承人在继承传统的基础上大胆改革创新、与时俱进。五、引导社会团体积极参与，建立常态化及与普通群众的互动机制，让更多的社会人士参与到自觉保护与传承这项非物质文化遗产的活动中来。

通过切实有效的传承、保护举措，杭州雕版印刷技艺得到了充分的保护，保留了其传统技艺的古朴魅力。随着进一步的挖掘创新，此项技艺必将散发出更加绚丽的光彩。

杭州市西湖区文化广电新闻出版局局长

2016年12月

一、概述

文化交流和传播的发展一定程度上增强了对快速、广泛地印刷图书文献的需求。传统的抄写方法不再适应社会发展的要求，急需一种新型的、高效率的图书印刷技艺。这就孕育了雕版印刷技艺，也使杭州成为全国雕版印刷中心。

一、概述

［壹］杭州雕版印刷技艺的历史沿革

　　杭州孕育了我国古代四大发明之一活字印刷术发明者毕昇和我国杰出的科学家、《梦溪笔谈》作者沈括等伟大人物。杭州是中国的"丝绸之府"，丝绸生产历史悠久，又是"鱼米之乡""茶叶之都"，为著名绿茶西湖龙井产地。意大利著名旅行家马可·波罗当年曾赞叹杭州为"世界上最美丽的华贵之城"。

（一）历史人文环境

　　杭州历史悠久，文化璀璨。从新石器时代后期开始，先后出现过极具特色的跨湖桥文化、良渚文化、吴越文化、南宋文化和明清及近代文化，形成了一个完整的文化发展系列。

　　相传大禹到会稽（今绍兴）赴诸侯大会，在此"舍航

良渚文化遗址出土的玉琮

（杭）登陆"，因称"禹杭"，日后讹传成"余杭"。

春秋时期，吴越两国争霸，杭州先属吴，越灭吴后，又属越。战国时，楚灭越国，杭州又归入楚国的版图。

公元前222年，秦灭楚，置钱唐县。隋为杭州治。唐改钱塘县。五代时吴越建都于此。南宋建炎三年（1129年）升临安府。元改为杭州

京杭大运河

南宋李嵩作《西湖图》

路。明清为杭州府治。1912年将原钱塘、仁和两县合并置杭县。1927年析出杭县城区设立杭州市。

1949年新中国成立，杭州市为浙江省直辖市，并为浙江省省会。

现在的杭州，是全国重点风景旅游城市、历史文化名城。杭州在工业生产上已具备雄厚的实力，门类比较齐全，在全省乃至全国都占有重要地位。农业科技力量和耕作技术水平也不断提高。经过大规模的城市和园林建设，杭州的城市面貌已大为改观，成为我国东南部风景名胜优异、人文古迹荟萃的名城。

（二）雕版印刷术

印刷术被称为"人类文明之母"，中国的雕版印刷术被视为人类文明史上划时代的创造。它是世界现代印刷术最古老的技术源头，为文化的传播和交流提供了十分便捷的条件。

我国印刷术历经漫长岁月，完成了雕版印刷材料、印刷工具、印刷技术等印刷术所必不可少的准备工作，为雕版印刷术的发展和完善奠定了坚实的基础。

雕版印刷术，在古代又称"版刻""梓行""雕印"等。工艺过程是：将需印刷的文字或图像书写（画）于薄纸上，经校对后再反贴于木板表面，由刻版工匠雕刻成反体凸字，即成印版。印刷时先在印版表面刷墨，再将纸张覆于印版，用干净刷子均匀刷过，揭起纸

古钱塘门

张后，印版上的图文就清晰地转印到纸张上，从而完成一次印刷。整个过程大体分为选材、雕刻、印刷三个程序，共有浸蒸、取版、刨涂、磨版、描稿、拳刀、崩刀、重刀、铲底、成型、对稿、夹纸、对版、调色、干印、湿印、刷、矸、掸、饾版、拱花等二十一种技法。这种使印版上的图文转印于纸张上的工艺技术，称为"雕版印刷技艺"。

马克思把印刷术喻为"对精神文明发展创造必要前提的最强大的杠杆"。我国雕版印刷术发明后不久，就开始向东方邻国传播。13世纪起，沿着丝绸之路经波斯、埃及向欧洲传播。中国雕版印刷和活字印刷术的发明，不仅对于中华民族，而且对于全人类文明的发展与进步都是一个伟大的历史性贡献。

杭州雕版印刷术起源于隋代末期，孕育于唐。唐时杭州已有书

杭州西湖文化景观列入世界遗产名录

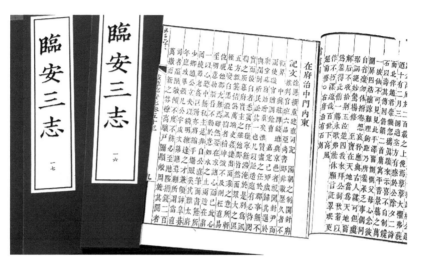

《临安三志》书影

坊，雕版印刷行业已在全国享有一定的声誉。五代吴越国时期，杭州已出现雕版印刷精美的佛经。到了宋代，杭州成为全国刻书出版中心之一。至南宋，杭州刻书进入鼎盛时期，印刷业发展迅速，以刻工精良著称。北京图书馆收藏的南宋临安三志《乾道临安志》《淳祐临安志》《咸淳临安志》，都是当时在杭州刻印，书籍的印刷水平和质量达到历史高峰。

元代，杭州仍是重要刻书地之一，位居全国之首。明代，杭州是全国雕版印刷的三大中心之一。官府在杭州刻印《大唐六典》《西湖游览志余》等四十四种。清代，官府在杭州设立浙江官书局。直至民国，杭州雕版印刷盛行不衰。

　　中华人民共和国成立后的1957年，中央美术学院华东分院（今中国美术学院）成立水印工厂。版画家夏子颐作为工厂领导和雕版专家，聘请了当时散落在民间的原官、私、坊刻家的雕版艺人，如玛瑙经房的雕版传人许小松，慧空经房的雕版传人陈福来，嘉惠堂的雕版传人丁立信等，结合版画艺术技法，培养了邓野、韩法、张耕源、何逊谟等一批雕版艺术家（同时还是画家），也使杭州雕版印刷技术有了质的飞跃，成为当时全国四处木版水印基地（其余三家为北京荣宝斋、天津杨柳青、上海朵云轩）之一。所制水印作品，特别是印刷仿制

水印工厂人员合影（老照片）

的潘天寿等名家书画作品，被评为"下真迹一等"。

（三）杭州雕版印刷技艺的历史沿革

文化交流和传播的发展一定程度上增强了对快速、广泛地印刷图书文献的需求。传统的抄写方法不再适应社会发展的要求，急需一种新型的、高效率的图书印刷技艺。这就孕育了雕版印刷技艺，也使杭州成为全国雕版印刷中心。

我国雕版印刷的起源和发展，据明代学者胡应麟所说，"肇自隋时，行于唐世，扩于五代，而精于宋人"（见《少室山房笔丛》）。

"雕版印刷术，肇始极早，由刻金、石、甲、骨而雕木版；东晋至梁，雏形已具，隋唐付诸实用，五代扩大范围，宋朝精益求精，明季达于巅峰"（1986年5月《印刷科技》二卷四期，台北）。现今所见雕版实物多为唐末五代时期刻印的佛经和历书。现存最早的雕版印刷品，是1974年西安唐墓出土的印刷品《陀罗尼经》，虽是残片，但印刷精美，说明当时雕版印刷术的发达。

敦煌所出的《金刚经》，为卷轴装，前有插图，后有年代。印品全长约488厘米，宽30.5厘米 ，扉页刻孤独园长老须菩提请问释迦牟尼之图，共有人物十九，狮子二，莲座、法器皆备。构图严谨，刀法纯熟，人物形象生动，线条劲秀，继承并发展了汉晋线刻画的优良传统，富于装饰性。此经原藏敦煌第十七窟藏经洞中，现藏英国大英图书馆。卷末题款"咸通九年（868年）四月十五日，王玠为二亲敬造普施"，是目前世界上有确切纪年的最早的雕版印刷品，也是我国雕版印刷技术成熟的标志，引首扉画的构图形式，成为此后佛经扉画的标准格式。

唐末柳玭《家训序》："阅书于重城之东南，其中多阴阳杂说、占梦相宅、九宫五纬之流，又有字书小学，率雕版印刷，漫染不可尽晓。"日本僧人宗睿《新书写请来法门等目录》："西川印子《唐韵》一部五卷，同印子《玉篇》一部三十卷。"当时已经能够印刷大部头作品，可见其组织雕刻、印刷的能力和技术水平。

五代十国时期的雕版印刷，最大特点是由国子监组织编印儒家经典。文献记载，五代宋初曹氏画院中有刻版押衙的设置。后唐大臣冯道因为"尝见吴蜀之人鬻印版文字，色类绝多，终无经典"，曾上奏章刊刻。冯道（882—954），中国大规模官刻儒家经籍的创始人。后唐长兴三年（932年），冯道为印行经籍标准文本，经皇帝批准开雕。以端楷书写，能匠刊刻，历时二十二年雕印完成，史称"五代监本九经"。刻书业已经具备一定的规模，"因是天下书籍遂

《陀罗尼经》书影

《金刚经》书影

广"（元王祯语），这是中国印刷史和文化史上的一件大事。雕版印刷作为一种文化传播的工具和形式，影响力极大。

　　杭州的雕版印刷在唐代孕育、成长。中唐时期杭州出现雕版印刷书籍，五代时吴越国刻印了大批佛经，这和当时的政治、经济、文化的发展是分不开的。

　　据史载，当时杭州农田水利事业发达，手工业兴盛，陶瓷业、丝

《和靖咏梅》图

杭州灵隐寺

杭州保俶塔

织业、造纸业、制茶业、制盐业以及造船业、矿冶业等在全国都处于领先地位，成为全国主要的商业城市。

唐末五代时期，佛教的传播和佛寺的修建推动了佛经的刊刻。著名的杭州灵隐寺始建于东晋成帝咸和三年（328年），另有净慈寺、理安寺、六通寺、灵峰寺、云栖寺、法喜寺、宝成寺、开化寺、海会寺、昭庆寺、玛瑙寺、清涟寺等。五代时所建佛塔有六和塔、保俶塔、黄妃塔（即雷峰塔）、南高峰塔、北高峰塔、崇圣塔、辟支塔、白塔等。吴越国"三代五王"在杭州广建寺庙，开凿石窟造像，建造佛塔，刊刻佛经。

民国十三年（1924年）9月25日，杭州西湖雷峰塔倒塌，于砖孔中发现千卷《宝箧印经》。卷首扉画前印有"天下兵马大元帅吴越国王钱俶造此经八万四千卷，舍入西关砖塔，永充供养。乙亥八月口日记"字样（《杭州雕版简史》）。

吴越国国王钱镠曾多次亲自主持刊印佛经。其孙钱弘俶先后在后周显德三年（956年）、乙丑（965年）、乙亥（975年）三次大规模主持刻印佛经，印数达二十余万卷。其中藏于杭州雷峰塔

吴越国国王钱弘俶主持刊刻的应现观世音菩萨立像

杭州白塔

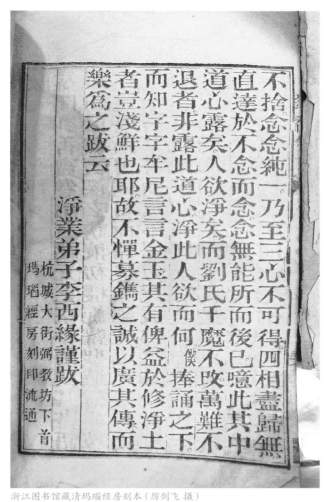

不拾念念純一乃至三心不可得四相盡歸無

直達於不念而念念無能所而後已噫此其中

道心露矣人欲淨矣而劉氏千魔不攻萬難不

退者非露此道心淨此人欲而何僕捧誦之下

而知字字车尼言言金玉其有俾益於修淨土

者豈淺鮮也耶故不憚募鐫之誠以廣其傳而

樂爲之跋云

淨業弟子李西緣謹跋

杭城大街彌教坊下首

瑪瑙經房刻印流通

浙江图书馆藏清玛瑙经房刻本（厉剑飞 摄）

杭州雷峰塔旧影

塔砖内的《一切如来心秘密全身舍利宝箧印陀罗尼经》（即《宝箧印经》）即刻于宋开宝八年（975年）。从这些存世的经卷实物来看，纸墨俱佳，刻印精良，已达到较高的工艺水平。

五代时期高僧延寿和尚（904—975）也为钱弘俶刻印了大量经文、佛图等。据称延寿曾亲手印过《弥陀塔图》十四万本，又刻印《二十四应现观音像》，用绢素印两万本，另有《弥陀经》《楞严经》《法华经》《观音经》《佛顶咒》《大悲咒》《法界心图》等经书。五代时期杭州雕版印刷技术的发展，为它在北宋时成为全国雕版印刷中心奠定了基础。

刊印书籍和经卷都要用纸，浙江于此又是得天独厚。除了通常

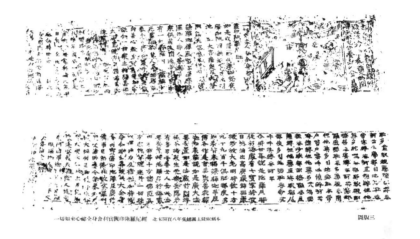

杭州雷峰塔内藏经卷（厉剑飞　摄）

的麻面纸外，从晋开始，嵊县（今嵊州）一带就出现了用野生藤皮造的纸，人称"剡藤纸"。张华《博物志》载："剡溪古藤甚多，可造纸，故即名纸为剡藤。"藤纸到了隋唐时期十分有名。

此外，杭州、婺州、衢州、越州的造纸作坊也很多，所产上细黄白状纸和衢州所产案纸等都是进贡朝廷的名纸，这为刊印书籍创造了物质条件。

宋时江浙成为全国经济最发达的地区。经济的发展带动了文化的繁荣，农业、印刷业、造纸业、丝织业、制瓷业均有重大发展。两宋时，雕版印刷达到鼎盛，刻书地点几乎遍及全国，杭州、建阳、汴梁、眉山等成为印书重要基地。仇家京在《两宋雕版印刷黄金时代

杭州古大佛寺

中的杭州刻书业研究》中说，浙江手工业发达，商业兴盛，又盛产纸张，具备发展雕版印刷业的有利条件，而杭州在五代时已是良工聚集，雕版技术颇负盛名。有些坊肆刻书、卖书，几代人相继传承。宋初主要翻刻五代本。除佛经外，遍刻九经、唐人旧疏与宋人新疏，经、史、子、集等成为印书的主流。这些监本虽发行于汴梁（开封），但大都在杭州雕版和印刷。如王国维《两浙古刊本考》所称："浙本字体方正，刀法圆润，在宋本中实居首位。宋国子监刻本，若《七经正义》，若'史''汉'三史，若南北朝七史，若《资治通鉴》，若诸医书，皆下杭州镂版。北宋监本刊于杭者，殆居大半。"宋淳化五年（994年），《史记》《汉书》《后汉书》校毕于京城汴梁，便差人送往杭州雕印。咸平四年（1001年）印《七经正义》，嘉祐五年（1060年）印《新唐书》，都是由中书省奉旨到杭州去雕版的。嘉祐六年（1061年），皇帝曾旨令有司于京城汴梁写好南北朝七史版样，封送杭州开雕。元祐间印《资治通鉴》，熙宁间印《诗书新义》等，也都是由京城国子监下达任务，在杭州雕版印刷的。《资治通鉴》是一部长篇编年体史书，司马光一生大部分精力都奉敕编撰《资治通鉴》，共费时十九年，自英宗治平三年（1066年）至神宗元丰七年（1084年）。两年后，这部长达二百九十四卷的巨著才被校订完毕，立即快马送往杭州。当时京都汴梁（今河南开封）也是我国的印书中心，然而，神宗皇帝赵顼最终还是选择了杭州。事实上，杭州承担着几乎所有史书典籍和重要医书的雕版印刷工作。北宋监本书迄今已知的有一百一十余种，印刷数量大，品种多，注重校勘，刻印精良，成为后世刻书的楷模，影响了我国千年古籍刻本的风格。明代《五杂俎》曰："所以贵宋版者，不惟点画无讹，

王国维《两浙古刊本考》书影

亦且笺刻精好若法帖然。凡宋刻有肥瘦二种，肥者学颜，瘦者学欧。"

北宋时，杭州不仅承担朝廷刻书，公私刻书也很多。地方官刻书，有景祐四年（1037年）杭州通判林冀等衔名，杭州详定所颁发的《白氏文集》七十二卷；张君房知钱塘时刻印的《云笈七签》《乘异记》《丽情集》等；翟昭应知仁和县时

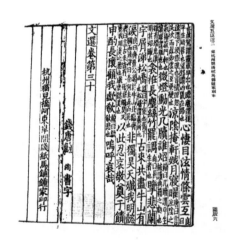

《文选》书影

将《刑统律疏正本》改为《金科正义》镂版印卖。私人刊印者有临安陈氏万卷堂、钱塘颜氏、杭州沈氏等。坊肆刻书有杭州晏家与钱家。寺院刻书则有淳化、咸平间龙兴寺刊《华严经》，大中祥符二年（1009年）明教寺刻《韩昌黎集》等。两宋的学术活动空前发展，科学、文化、历史、哲学著述丰富，编撰成绩斐然，这又促进了雕版印刷的发展。

宋代是雕版印刷书籍大盛时期，所刻之书数量多、质量好。叶梦得《石林燕语》曰："今天下印书，以杭州为上，蜀本次之，福建最

下。"北宋国子监有大批书籍都交杭州刻印，属杭州知州衙署管理。大批经书的刊版印刷，杭州起到了重要作用。北宋时杭州市易务设有刻书所，为官办刻书机构，刻书有相当盈利。地方官府亦有刻书。如元丰末、元祐初，杭州知州蒲传正（宗孟）刻辽僧行均所撰《龙龛手鉴》。杭州私人刻书大多是为了传播学术或宣扬家学，所以都采用善本为底本，写、刻、印格外精细，刻印本的质量比较高。北宋时杭州私人刻书有陈氏万卷堂于淳化年间刊司马迁《史记》，临安进士孟琪于宝元二年（1039年）刻姚铉《文粹》一百卷，李用章于庆历

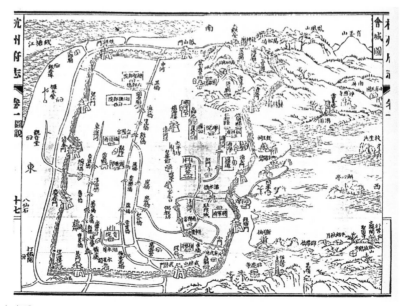

会城图

中刻《韩诗外传》，钱塘颜氏刻《战国策》十卷等。杭州经坊刻经有《妙法华严经》《妙法莲华经》及《华严经》，《华严经》为杭州最早的佛寺刻经，经版有两千九百多片，刻成后用海船运往高丽国。

自宋高宗定都临安（今杭州）后，杭州成为全国的政治、经济、文化中心，手工技艺有了更高水平的发展。两浙又是全国的造纸中心，印刷材料，尤其纸墨的质量与产量超越前代，为杭州刻书印刷业奠定了丰厚的物质基础，使其成为当时全国雕印手工业最发达的地方。大量的书籍需求，推动了官、私、坊三大刻书业的繁荣和发展。

南宋官刻本，除了国子监、秘书省可以印刷书籍以外，其他官刻本有德寿殿、左廊司局、修内司、太医局、临安府、临安府府学、浙

《钱塘遗事》书影

漕司等，刻印内容包括经、史、子、集各类书。杭州寺院刻本，有南山慧因讲院、北关接待妙行院、西湖净慈寺、菩提教院、净戒院刻印的佛教经籍。

坊刻本，据张秀民《中国印刷史》统计，杭州书坊可考的有临安府棚北睦亲坊陈宅书籍铺、临安府洪桥子南河西岸陈宅书籍铺、临安府鞔鼓桥南河西岸陈宅书籍铺、临安府太庙前尹家书籍铺、临安府众安桥南街东经书铺、临安府修文坊相对王八郎家经铺、钱塘门里车桥南大街郭宅经铺、保佑坊前张官人诸史子文籍铺、橘园亭文籍书房、杭州积善坊王二郎、行在棚前南街西经坊王念三郎家、杭州大街棚前南钞库相对沈二郎经坊、临安赵宅书籍铺、临安李氏书

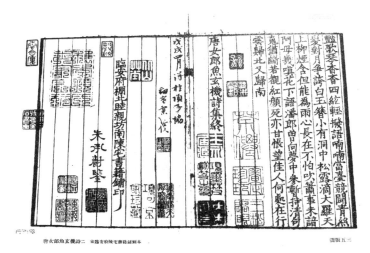

宋刻《唐女郎鱼玄机诗集》书影（厉剑飞 摄）

肆、杭州猫儿桥河东岸开笺纸马铺、临安府中瓦南街东印经史书籍铺荣六郎家等，其中有的是从汴京迁来。当时临安城中有御河，河有棚桥、长街，分南棚、中棚、棚北大街。这一带书坊所刻之书，为宋以后历代藏书家所珍视，称之为"书棚本"。在杭州诸多书坊中，尤其值得称道的是临安府棚北睦亲坊南陈起父子的陈宅书籍铺。20世纪60年代，北京图书馆编印的《中国版刻图录》收录全国公藏单位一百八十九种存世宋版书中，浙江刻本七十五种，其中杭州刻本就达四十五种，且多为坊刻本。现为国家图书馆收藏的《唐女郎鱼玄机诗集》一书，卷终镌"临安府棚北睦亲坊南陈宅书籍铺印"，即为宋临安府陈宅书籍铺刻本，为历代递藏者所宝，钤印累累。

南宋的印刷业主要是刻印书籍，但由于杭州是国都所在地，当时印刷业除了刻书外，还发展到地图、纸币、报纸的刻印。据元代李有《古杭杂记》载："驿路有白塔桥，印卖《朝京里程图》，士大夫

宋临安府贾官人经书铺刻本《妙法莲华经》（厉剑飞 摄）

往临安，必买以披阅。"我国在世界上最早印刷和使用纸币，北宋称"交子"，至南宋则称为"会子"。中国历史博物馆藏有南宋铜质会子印版一块。《宋史》卷一八一《食货志下·会子》："绍兴三十年，户部侍郎钱端礼被旨造会子，储见钱于城内外流转。其合法官钱，并许兑会子，输左藏库。"宋代有《朝报》《邸报》的印刷和发行。南宋京城还出现一种民营小报，具有日报性质。

宋代时发明了活字印刷术。活字印刷术的发明和发展，是印刷技术的重大改进，也是中国对世界印刷文化的一项重大贡献。 由于中国历代封建王朝重文轻工意识的影响，印刷技术始终没有多大变化，雕版印刷仍一直占据中国印刷业的主流地位。

元代，杭州的印刷业遭到破坏，大量的印版被劈被烧，但是，杭州仍是重要刻书地之

元中统元宝交钞五百文纸币

一，位居全国之首。今浙江、江苏、江西、安徽等地，集中了不少印刷作坊。元朝廷所修的三部大型史书《辽史》一百六十卷、《金史》一百三十五卷及《宋史》四百九十六卷，都是杭州路儒学"锓梓印造装褙"的。据《元史》载，元世祖忽必烈分别于元至元十三年（1276年）和至元十五年（1278年）两次遣使到杭州来运载经籍图书、阴阳秘书及版刻等，而且为数不少。另有官刻本《礼经会元》《说文解字》《大德重校圣济总录》《六书统》及《国朝文类》二十余种。据《元史》记载，至元二十七年（1290年）立兴文署，召工刻经史子版。首先刻印的是《资治通鉴》。人员设置是：官三员，令一员，函三员，校理四员，楷书一员，掌记一员，锓字匠四十名，作头一，匠户十九，印匠十六。

除了元中央政府在杭州组织刻印大量的书籍外，地方政府及地方学校、书院的刻书活动也十分活跃。其中刻书最多的是杭州西湖书院，它是在原南京国子监的基础上建立的，至元二十八年（1291年）起开始刻印书籍，第一项工程就是修补南宋国子监所存书版，共约一百二十种，从事刻版的工匠九十二人，补刻缺版七千八百九十三块，字数有三百四十三万六千之多，用粟一千三百石，用木九百三十株。泰定元年（1324年），西湖书院刻马端临的《文献通考》三百四十八卷，为元代刻本中的代表。西湖书院还藏有南宋国子监书版二十多万片。一些私人家塾及个人藏书家的刻书也不少。据记

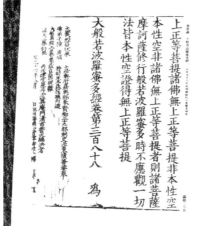

元代杭州南山大普宁寺刻印的《大藏经》（厉剑飞 摄）

载，元代杭州书坊主要有杭州书棚南经坊沈二郎、杭州睦亲坊沈八郎、杭州勤德堂、武林沈氏尚德堂等四家。其中沈二郎、沈八郎刻印《妙法莲华经》七卷，沈氏尚德堂刻印《四书集注》。

元代杭州刻本中还有七种戏曲本，均冠以"古杭新刊"字样。元代寺院刻佛经甚多，相当数量的刻印工匠被雇用，从事佛经刻印。最著名的有杭州南山大普宁寺于元初刻印的《大藏经》五百六十七函，六千余卷，世称"普宁藏"。大德年间在杭州路大万寿寺刻《河西字大藏经》三千六百二十余卷。"河西字"即西夏文，说明杭州当时已能刻印少数民族文字。

元代还十分重视纸币的印刷和发行。最初的中统钞用木刻版来印刷，后改用铜版印刷。还在户部下设立印造盐茶等引局，负责印造盐、茶、矾、铁等引的有价证券。

明代是我国古代印刷发展的高峰时期。明代印刷发展的最突出标志，是雕版、活字版和彩色印刷都有了普遍的应用。其主要特色是：一、雕版印刷技术更为精湛，涌现出一大批图版雕刻高手。二、除雕版外，木活字、铜活字广泛应用。

元代杭州大万寿寺刊刻的河西字《大藏经》（厉剑飞 摄）

三、专用印刷字体成熟并广泛应用，宋体字成为占主导地位的印刷字体。四、出现了彩色套印技术。五、印刷规模大，品种多，地域分布广。

据《中华印刷之光》载，明嘉靖十年（1531年），朝廷整顿内府工匠名额，留下的人员中司礼监就占一千五百八十三名，其中专事刻书出版者有：笺纸匠六十二名，裱背匠二百九十三名，摺配匠一百八十九名，裁历匠八十名，刷印匠一百三十四名，黑墨匠七十七名，笔匠四十八名，画匠七十六名，刊字匠三百一十五名，总一千二百七十四名。在印刷技术和工艺方面，也有了发展和创新。明中叶以后，民间印刷的戏曲、话本，大都加有插图绣像，便于引起读者的阅读兴趣，并作为书商推销刊本的卖点。金台岳氏刻本《新刊大字魁本全相参增奇妙注释西厢记》，是现存历史最为悠久也最为完整的《西厢记》插图本，现藏北京大学图书馆，为孤本。原书天头地脚阔大，高39.7厘米、宽24厘米。北京金台岳氏于明弘治戊午年（1498年）冬季刊刻，正文部分及部分附件全部上图下文，刻工精美，版式大方。该本现存插图一百五十六题，二百七十三面，有单面、双面连式（一图跨双页）、多面连式（一图跨多页），多面连式有的一处题记多达八面连式图。这种多面连式图在古书中是十分罕见的。"谨依经书重写绘图，参订编大字本，唱与图合。使寓于客邸，行于舟中，闲游坐客，得此一觉始终，歌唱了然，爽人心意"。一批著名画家参与画稿，为图版提供高水平的原作，如萧云从的山水和陈洪绶的人物。明时各级地方政府还广泛编印地方志。

明杭州刻本《湖山胜概》

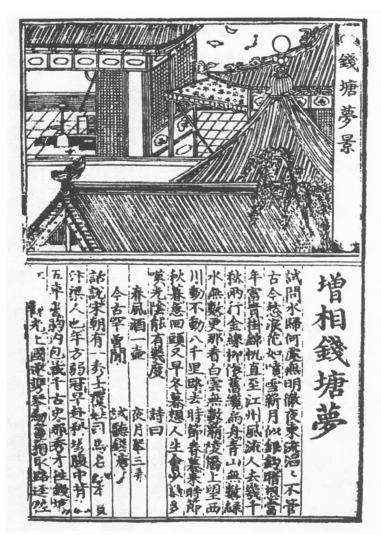

明弘治年间北京书肆岳家重刻本《西厢记》中的插图"钱塘梦景"

明末套印法已经流行。明万历年间的闵齐伋、闵昭明、凌汝享、凌濛初、凌瀛初都是擅长套色印刷术的名家，如吴兴闵氏和凌氏曾套印刊刻了一百四十多种图书。有闵刻三色本《孟子》《战国策》，四色本《国语》《文心雕龙》；凌刻套印本《琵琶记》《古诗归》《唐诗归》

《十竹斋笺谱》内页

等。对彩色印刷做出贡献的是胡正言（1581—1672），他与刻印工匠配合，于明万历四十七年（1619年）起，采用印刷新工艺饾版、拱花，刻印了《十竹斋画谱》和《十竹斋笺谱》。

明代，杭州较为著名的书坊有古杭勤德书堂、杨家经坊、平山堂、曲入绳、双桂堂、泰和堂、卧龙山房、容与堂等二十五家。其中刻书最早的是勤德书堂，于明洪武十一年（1378年）刻印杨辉《算书五种》七卷等。杨家经坊主要以刻印佛经为主，如《天竺灵签》和《金刚经》。平山堂刻有《绘事指蒙》《路史》等书。曲入绳刻《皇明经济

文录》，双桂堂刻《历代名公画谱》，泰和堂刻《牡丹亭还魂记》，卧龙山房刻《吴越春秋音注》，容与堂刻《李卓吾先生批评忠义水浒传》《红拂记》《琵琶记》等。杭州藏书家和出版印刷家胡文焕的文会堂刻书最多，刻印活动约在万历至天启年间。据记载，文会堂刊印的书籍约有四百五十种，其中"格致丛书"两百多种，《百家名书》一百零三种，又有《文会堂诗韵》《文会堂词韵》《文会堂琴韵》《华夷风土志》等，有不少书是胡文焕自编、自著、自刻的，其在医学和绘画方面的编刻很有特点。

明万历年间，杭州书籍插图内容非常丰富。主要表现在戏曲、小说、诗词以及一些画谱类的插图创作方面。绘刻高手除徽州刻工外，本地也涌现出不少名家，题材多为山水，技法绵密婉约。夷白堂主杨尔曾于万历年间雕印《李卓吾先生批评西游记》百回本，有图两百幅，画面怪诞奇诡。又刻《海内奇观》，一百三十多幅图，图为多页连式。容与堂雕印的《李卓吾先生批评忠义水浒传》，有插图两百幅，由黄应光、吴凤台等雕刻，以高超的技艺刻画了各种不同性格的人物形象，其线条疏朗劲健，主题突出。顾典斋刻印的《古杂剧》中的插图，绘刻绝佳。如《唐明皇秋夜梧桐雨》中人物的眉眼、服饰的花纹都刻得非常精细，其刻工都是在杭州的歙县黄氏一族。还有杭州人刘素明，自画自刻，刻有《凌刻琵琶记》《红杏记》《丹青记》《丹桂记》等书的插图，有的本子"历五寒暑，始可竣工"。他与陈

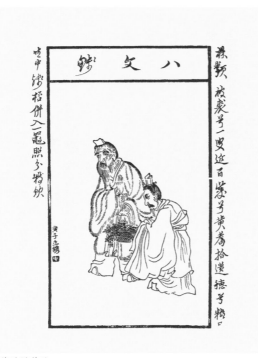

陈洪绶作品

聘州、陈凤州还刻有《西厢记》《琵琶记》《幽闺记》《玉簪记》《红拂记》《绣襦记》六种传奇的《六合同春》，风格熔金陵、徽州刻风于一炉，精妙无比。武林雕刻名家项南州刻《吴骚合编》《正北西厢记》《燕子笺》等书的插图，成为绘画家、木刻家珠联璧合的杰作。还有如陈洪绶等著名画家，偶尔兴之所至，亦为书籍版画创稿，这些版画质量很高。还有一个重要条件，即当时一些著名刻工如黄应龙、黄应秋、黄德修、黄一楷、项南州等都集中在杭州。有名家校阅书籍、名画家为插图画样稿，再加名工雕刻，这些书籍当然名重于世。

明代，官府在杭州刻印《大唐六典》《西湖游览志余》等四十四

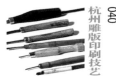

种，在严州府刻印《观光集》等八种。私家刻印《唐宋丛书》《楚辞章句》《吴越春秋》《广汉魏丛书》《清平山堂话本》等十五种。明代杭州还刻印多种佛经。灵隐寺刻有《指目录》，昭庆寺刻有《妙法连华经》，以余杭径山寺刻印的《径山大

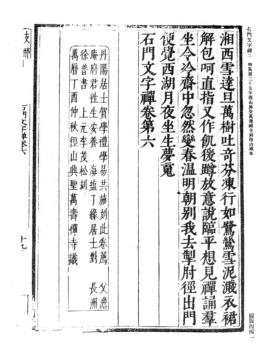

明余杭径山寺刻本（厉剑飞 摄）

藏经》六千九百五十六卷最为有名。

当时，杭州的书铺大多设在涌金门、弼教坊、清河坊一带，有清平山堂、勤德书堂、藏珠馆、容与堂、郭宅纸铺等二十四家，以容与堂刻印的小说、戏曲最为精美。

《中国古小说版画史略》记载：明天启、崇祯年间，武林小说版画佳作颇多，难以尽数。杭州风光秀丽，经济发达，书业兴盛，徽

州刻工多有迁寓此地操剞劂之业者。其中如黄氏刻工中的黄应光、黄子和、黄子立、黄汝耀，他姓有刘启先、洪国良、刘应祖等。武林小说版画，十之七八由他们包办。黄诚之、刘启先刻图本《忠义水浒传》，是崇祯间武林版画名作。此本有图版五十页一百面，构图繁复，人物性格鲜明，手法灵活多变。《斗杀西门庆》《火烧翠云楼》等图，采用俯瞰式构图法，由近及远，层次分明，成功地弥补了线描图缺少立体感的缺点。明末清初袁无涯刊本《忠义水浒全书》（卷首有杨定见序，又称"杨定见本"），图版由刻版名工刘君裕镌，有图一百二十面，其中百图全袭自黄诚之、刘启先刻图本《忠义水浒

明刻本《西厢记》插图

传》，内容增擒田虎、王庆二十回，增图二十幅，绘镌亦精。明末三多斋刊本《忠义水浒全书》，图版亦据黄诚之、刘启先刻图本《忠义水浒传》翻刻，唯将篆文图目易为楷书。清康熙芥子园刊《李卓吾评忠义水浒传》，图一百面，亦出自黄诚之、刘启先刻图本《忠义水浒传》，刻工则增署白南轩，可见黄诚之、刘启先刻图本《忠义水浒传》在"水浒"版画中影响之巨。《新刻批评绣像金瓶梅》，是徽派名工通力合作的又一古小说版画佳构，图一百页二百幅。署名刻工有刘启先、刘应祖、黄子立、黄汝耀、洪国良等。《金瓶梅》一书，人物众多，情节曲折。镌图者在对图书内容深刻理解的基础上，把豪门显贵的家庭生活场景及享用物品等，以写实的手法一一捉写在图版中。洋洋洒洒二百幅图，皆是匠心独运、别出机杼的佳作，在明末小说版画中属最细密繁复而又富于变化的一部。其他如黄子和、刘启先刻《新镌绣像小说清夜钟》，未署绘镌人的《镌于少保萃忠传》《西湖二集》《新镌全像通俗演义隋炀帝艳史》《峥霄馆评定出像通俗演义型世言》诸本，亦称一时之选。而在明末武林小说版画中最为脍炙人口的杰作，当推陈洪绶手绘的《水浒叶子》。

陈洪绶（1598—1652），字章侯，号老莲，浙江诸暨人。明末著名画家，也是出色当行的版画作手。此本是他在明崇祯十四年（1641年）应周孔嘉促稿绘写。人物造型夸张，运笔奇诡变幻，衣纹刚折有力。卷端江念祖题《陈章侯〈水浒叶子〉引》说："说鬼怪易，说情事难；画鬼神易，画犬马难。罗贯中以方言亵语为《水浒》一传，冷眼观世，快手传神。数百年稗官俳场，都为压倒，陈章侯以画水画谷妙手，图写其中所演四十人叶子上，颊上生气，眉尖火出，一毫一发，凭意撰造，无不令观者为之骇目损心。"评语酣畅淋漓，既是评画，也是评世事之艰危。陈洪绶生于明末，是时国家内忧外患，积贫积弱，其绘制此图，或者是出于对统治者的彻底失望，而寄托于草莽英雄，可谓用心良苦。此本成都李氏著藏本署"黄君倩刻"，一般以为黄君倩即一彬，是虬村黄氏一族中最有才华的刻工之一。图版镌刻洒脱古拙，刀锋雄劲，铁画银钩，恣意纵横，而又不失原作神韵，与章侯丹青妙手珠联璧合。可惜的是，水浒英雄一百零八人，仅绘宋江以下四十人，实为一大憾事。除此本外，陈洪绶另绘有《博古叶子》

陈洪绶像

《九歌图》《张深之正北西厢记秘本》《新镌节义鸳鸯冢娇红记》等文学、戏曲本的插图，皆是古版画遗存中独树一帜的辉煌巨制。

　　明天启、崇祯时期，武林本地的木刻家有姓名留下来的不多。其中能与徽派名工相抗衡的，大抵只有项南洲一人。项南洲（约1615–1670），字仲华，所刻以戏曲插图本为多。小说版画有《且笑广演评醋葫芦小说》（署陆武清绘图），以及《新镌孙庞斗智演义》等，镌刻刀法婉丽，线条运用顿挫舒畅，明显看出受徽派的直接浸润。但用线细腻圆润，清秀绵密，又为武林版画一系奠定了清新秀雅的格调。本书另收有《精镌出像太真全史》插图，未署绘镌人，视其风格，应为项南洲。另一位必须提到的人物则是晚明版刻名工刘素明（约1595—1655）。由于他流寓不定，其身世、籍贯尚是一个颇有争议的问题。就小说版画而言，建安余氏本《新刻洒洒篇》、吴观明本《李卓吾先生批评三国志》，分署"素明刊""书林刘素明全刻像"；天启间金陵兼善堂刊《警世通言》、江苏吴县刊《全像古今小说》，亦署"素明刊"。在杭州则

陈洪绶绘《孙二娘》

刊有《六合同春》《唐诗画谱》等戏曲、画谱插图。郑振铎先生认为，"他是武林人，是杭州本地的木刻家里唯一一传下显赫的姓氏来的人"。并推断可能与隆庆间刻《五显灵官大帝华光天王传》，万历间刻《全像观音出身南游记传》及《鼎镌西厢记》《鼎镌红拂记》的名工刘次泉为一家人或为次泉的别名（《中国古木刻画史略》）。

清前期小说版画承明余绪，仍显现出欣欣向荣的局面。清顺治、康熙两朝，更不乏佳作。顺治年间刊《西游证道书》《无声戏小说》《续金瓶梅后集》，皆题胡念翼绘图。其中《无声戏小说》，绘图奇诡变幻，大有陈洪绶笔意。此本署"萧山蔡思璜镌"。清咸丰时，萧山有名工蔡照初，以镌刻著名画家任渭长绘《列仙酒牌》《高士传》《剑侠像传》《於越先贤像传》而名满天下。《红楼梦图咏》，清光绪五年（1879年）浙江杨氏文元堂刊本，图五十幅，前图后赞，赞语多出自当时的翰苑名家，对研究晚清书法极有助益。绘图者改琦，字伯蕴，号香白，又号七芗，别号玉壶外史，西域（今新疆）人，久居华亭（今上海松江），"工山水、人物，有声苏、杭间"（清张鸣珂《寒松阁谈艺琐录》），所绘形象娟丽，笔姿秀逸，在"红楼梦"题材的版画中堪称佳作。

清代雕版印刷文献存世最多，雕版印刷应用领域更为广泛，技艺更为熟练。清前期官刻多在宫廷内府，清后期官刻多在地方。康熙十九年（1680年），设立修书处于武英殿，掌管书籍的编、印、装订，并有一定数量的写、刻、印工匠。清光绪时，江宁、苏州、扬州、杭州、武昌官书局合刻二十四史。乾隆版《大藏经》是世界上最大的雕印典籍。当时书坊遍布各地，以江浙一带最为兴盛。

清代刊印经籍之风极盛。武英殿修书处，刊刻了许多经典书、善本书，如《古今图书集成》《数理精义》等。其制度严格，按工论价，"凡书刻宋字，每百字工价银八分；刻软字，每百字工价银八分；刻欧字，每百字工价银一钱四分，枣木板加倍"（《武英殿修书处则例》，转引李素芳《武英殿修书处的校勘审慎与用工制度》）。清嘉庆五年（1800年），阮元出任浙江巡抚，于杭州西湖孤山创立诂经精舍，以期通过"专勉实学"，达到"以励品学"和尊经崇汉的目的，刊刻有《诂经精舍文集》八集（《阮元列传》）。他所刻名家选集就有钱大昕、汪中、刘台拱、孔广森、张惠言、焦循、凌廷堪等大家。

任熊《於越先贤像传赞》中的谢安像

清代杭州的坊间印刷业虽不如明代繁荣，但还是排在全国前列。官府在杭州设立浙江官书局，所刻书籍多半是"御纂"或"钦

杭州文澜阁

定"的本子。自同治六年（1867年）至光绪十一年（1885年），先后刻印《钦定七经》《御批通鉴》《九通》《二十二子》等两百多种。私家刻书大体可分两类。一类是著名文人自己的著作和前贤诗文，类型十之八九是丛书。这些书大都是手写上版，即所谓"写刻"，选用纸墨都比较考究，是刻本中的精品，世称"精刻本"。另一类是藏书家和校勘学家辑刻的丛书、逸书或影摹校勘付印的旧版书，有卢文弨的《群书拾补》等。而属第一类的鲍氏，为清乾隆年间大藏书家之一，校书、刻书、抄书很多，校辑所藏秘籍刻成"知不足斋丛书"三十集。此丛书被称为"二善"：凡收一书，必首尾俱足，其善一也；必校雠精审后再镂版，其取材之精密，刊刻之谨慎，尤非他书可比，其善二也。同时，鲍氏雕版的书，以罕见者为主，不与时人争抢。此外，鲍氏还刻了另外一些单印本，如乾隆三十年（1765年）所刻宋汪元量撰《湖山类稿》，半页十行，行十九字，黑口，版心下刻"知不足斋正本"六字，版式宽大，刻印尤精。以"知不足斋"名义刻书的还有鲍廷爵的"后知不足斋丛书"及高承勋的"续知不足斋丛书"。另外，还有杭州卢文昭的"抱经堂丛书"。阮元在杭州设诂经精舍，辑刻有"文选楼丛书"二十七种，校刊《十三经注疏》，汇刊《学海堂经解》等书。丁丙、丁申兄弟还刻了《武林掌故丛编》、"当归草堂丛书"、《武林往哲遗著》等。私坊刻书有文宝斋、慧空经房、玛瑙经房、景文斋、善书局、爱日轩、文元堂、知新店、古欢堂、经韵楼、小

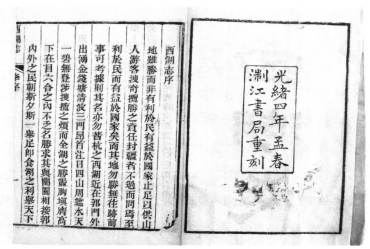

清浙江书局刻《西湖志》（杭州图书馆藏　厉剑飞摄）

琳琅馆等。刻印的内容为戏曲、小说、佛经、启蒙读物等。书院刻书是当时特色，特别是以经史训诂为主的书院，刻印学者自己的著作，汇印有学术价值的书籍。如阮元创立的诂经精舍刊有《诂经精舍文集》八集，紫阳书院刻印的《铁桥志书》二卷、《文嘻堂书集》三卷、《婺源山水记》二卷，都是清刻本中的善本。

　　清末，西方现代印刷技术和设备进入中国，逐渐取代传统雕版印刷技艺。1796年，德国人施耐飞马特（1771—1834）发明了石版印刷术。清道光时，此法传入中国。用石印法印刷书籍插图，方便快捷，远非手工镌刻、作坊式生产的木版雕印所能比。光绪二十八年（1902年），上海文明书局又自日本引进珂罗版印刷术，制作图版更为精良，雕版印刷术因手工技术繁杂、成书速度慢、成本高、色彩单一而逐步退出历史舞台。在此影响下，我国出版物的形制、装帧等外在形式也发生了变化。虽然木刻雕版的技艺延续到现在，但是技术人才日渐稀少。

　　民国时期铅字印刷业的兴起，这是时代的进步。由于雕版印刷在杭州有千余年的历史，且印刷十分精美，所以在一段时间内仍为读书人所喜爱，乐于用传统雕版印刷来刻印典籍。浙江图书馆、西泠印社、抱经堂书店及吴昌绶双照楼、顾燮光金佳石好楼两家私刻坊刻书颇多。

　　1957年，中央美术学院华东分院（今中国美术学院）成立水印工厂，其于20世纪90年代解体。除第一代传承人外，还培养了徐银森、王刚、陈正尧、郁忠明、俞弘、陈品超、杨其德、李华、施维、陈庆淳、黄小辉、黄小建、陈见、雷达、钱小平、吴国鹰、陈瑜等一大批第二、三代雕版印刷艺人。

[贰] 杭州雕版印刷技艺的传播与影响

杭州的雕版，字体方正挺拔，刀法纯熟，笔画转折处自然流畅，不露刀痕，忠实于字体的本色。这种明朗的风格为皇家和文人墨客

中央美术学院华东分院（今中国美术学院）水印工厂刻印的黄宾虹作品（黄小建 藏）

所追捧，成为后世刻书的楷模，影响了我国几千年古籍刻本的风格，在国内外有较高的影响力。

明万历八年（1580年），邹学圣辞去杭州太守之职回到家乡福建四堡雾阁，带回了苏杭的雕版印刷术，开始建立书坊，"镌经史以利后人"。明末邹氏同门邹保初"贸易于广东兴宁县，颇获利，遂娶妻育子，因居其地，刊刻经书出售。至康熙二年辛酉（1662年），方搬回本里，置宅买田，并抚养诸侄，仍卖治生。经历了明万历至清康熙近百年的草创和发展，到了乾隆、嘉庆、道光时期，福建四堡雕版印刷工艺逐渐走向鼎盛。据《范阳邹氏族谱》称："吾乡在乾嘉时，书业甚盛，至富者累相望。咸同以后，乃不振，间有起家者，多以节啬积赢，然亦不及前人也。"在这一百二十多年的历史发展中，四堡雕版印刷工艺创造了我国雕版印刷史上的辉煌。

利玛窦一度非常关注中国的雕版印刷术，大约是为了印刷《圣经》以便传教，他对这项手工技艺赞叹不已："他们的印刷比我们的历史悠久，因为在五百年前已经发明了印刷术……印一本中国书比一本西方书的费用要低。中国人的办法还有一个优点，即木版常是完整的，何时想印就印；三四年后，也能随便修改；改一个字易如反掌，改几行字也不甚难，只需把木版加以裁接。"

日本现存有确切年代可考的最早的雕版印刷品是1088年所印《成唯识论》。这部著作从刻印的时间和技术来看，显然是北宋雕版书籍传入日本以后的产物。到了1157年，日本又雕印了《金刚经》。1206年和1223年，日本还刊印了其他一些经文。由此我们可以看出，宋朝时两国友好往来频繁，通过这一渠道传播给日本的雕印技术对日本产生了巨大影响。元明时期，中日两国通过政府的渠道进行文化交往（包括印刷术的交流）的频率已经不及唐宋时密切。

朝鲜半岛现存最早的雕版印刷品是1007年总持寺印刷的《一切如来心秘密全身舍利宝箧印陀罗尼经》（简称《宝箧尼经》）。该经由唐代僧人智藏法师（705—774）由梵文译成汉文，五代时期，吴越国国王钱弘俶于显德二年（955年）在杭州印刷《宝箧尼经》，供奉于西湖雷峰塔中。这次吴越国王钱弘俶下令印刷的《宝箧尼经》应

设于清平山堂的杭州雕版印刷陈列室（厉剑飞 摄）

该是高丽版本的底本。韩国发现的《宝箧尼经》碑记为："高丽国总持寺主，真念广济大师释弘哲，敬造《宝箧尼经》版，印施普安佛塔中供养。时统和二十五年（1007年）丁未岁记。"采用的是中国辽代统和年号纪年。哲宗时期，杭州应高丽国（今朝鲜）政府之委托为刻《华严经》二千九百多片。

二、杭州雕版印刷技艺的内容与特征

杭州雕版印刷技艺历史悠久，源远流长，技法独到，刻工精巧，印刷精美，具有鲜明的技艺特征、丰富的艺术内涵与文化价值。

二、杭州雕版印刷技艺的内容与特征

[壹]工具与材料

印书的印版，主要使用纹理细密、质地均匀、加工容易的木材，有梨木、枣木、梓木、楠木、黄杨木、银杏木等。枣木、黄杨木等质地较硬，多用于雕刻较精细的书籍和图版；而梨木、梓木等质地较软，多用于常见书籍和图版的雕刻。为了使印版不变形，采用存放多年的方法使木材干透。干燥后，两面刨光、刨平，再用植物油涂拭板面，最后进行打磨，使之光滑平整。

打磨

刻刀

1. 刻刀。古代将雕刻用的刻刀称为"欹劂"。明彭大翼《山堂肆考》云："欹，曲刀；劂，曲凿也，皆镂刻之器。今人以书雕版为欹劂。"总之，刻版工具多达二三十种，各有不同的功用，最常用的是拳刀，又称"剞""曲刀""雀刀""挑刀"，是刊刻雕版最重要的工具，必须根据雕刻者手形定做，辅以圆口刀、三角刀、大小平刀、凿子。刻工们经过长期的实践，总结形成了一套专门的刀法，如双刀平刻、单刀平刻、流云刀、欹刀、斜刀、整刀、敲刀、卧刀、添刀、旋刀、卷刀、尖刀、转刀、跪刀、逆刀，等等。

2. 笔墨。墨是印刷的主要材料之一。我国南北方都有相当规模的制墨业。明代制墨名家辈出，流派众多，墨质精良，墨式新奇。北方有京墨，南方有松江墨。浙江衢州府西安、龙游俱出墨。浙江制笔业生产规模很大，分布地域广，有"天下笔工惟称吴兴"之说。吴兴善琏陆氏以制笔闻名天下，后继者不乏其人，其创制的湖笔，在福建沿海一带交易时，居然要以"百金易之"。

3. 传统手工纸。纸张的产地主要在江南一带，江西、福建、浙江、安徽是纸张的四大产地。造纸原料有竹、草、树皮等。南方造纸以竹为主要原料，为了提高纸张性能，多以几种原料混合使用，如以竹、树皮和稻草混合，可提高纸张的韧性。纸张的品种有一百多种，其中以产地命名的有吴纸、衢红纸、常山柬纸、安庆纸、新安土笺、池州毛头纸、广信青纸、永丰纸、南丰纸、九江纸、清江纸、龙虎山纸、顺昌纸、将乐纸、光泽纸、湖广呈文纸、宁州纸、宾州纸、杭连纸、川连纸、贡州纸。

4. 刷子。刷子的原料来源于南方棕树皮，将马尾棕制成棕片，再配备耙梁、耙版就成为完整的耙子。

刷子

5. 装帧材料。元《秘书监志》卷六载有裱背匠焦庆安的配方，内有打面糊物料黄蜡、明胶、白矾、白芨、藜蒌、皂角、茅香及藿香半钱，白面五钱，硬柴半斤，木炭二两。这里包括黏合剂、防腐剂和芳香剂三部分，证明当时的装帧用料已十分考究。

6. 其他。膏药油，是一种中药，具有强力黏胶性能，用于固定雕版。另有印刷台、毛笔、喷壶等。

[贰]技法与工序

雕刻印版的过程大至可分为勾描、拳刀、崩刀、重刀、铲底（剔空）、成型六个步骤。

1. 勾描。用雁皮纸覆盖于原稿之上，勾描画稿，表现墨色浓淡、色彩色调。有几色就分几块版。

2. 用拳刀刻版。持刀的右手，拇指向上，手腕挺起，有力而灵

勾描

拳刀刻版

活，在勾描线的两边，约半分的距离，刀向外倾斜，先拉两刀（刻版术语叫"伐刀"），目的是保护勾描的黑线。伐刀以外是空白，伐刀以内是雕刻的准确部位。沿勾描线下刀，深度一分左右，雕刻时要全神贯注，掌握刀锋的去向。刻线要有力量，刀与刀之间要衔接紧密，不能跑刀，不能断气，更不能看出痕迹。

3. 用崩刀刻枯笔。右手持崩刀，拇指、食指如同捏钢笔般沿着线条由上至下，从左至右向前崩跳，线条上出现的空白就是枯笔的飞白。崩：这里是"挑"的意思。版片上出现的飞白，就是笔锋。

4. 重刀。第一遍刻完后，用拳刀在原先刻刀线条基础上再加深

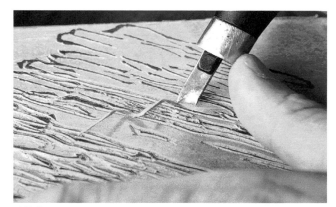

刻枯笔

重刀

一遍。

　5. 铲底（剔空）。重刀过后，用大小不同规格的圆口刀将空白部

铲底

成型

分全部铲掉,只呈现描绘部分。

6. 成型。将多余部分锯掉,呈不规则状。

印版雕刻完成之后,下一步的工作便是印刷。印刷就是通过刷子将文字或图案转印到纸张上。印刷方法很讲究,印刷过程中纸张和颜料的质量决定着印刷的质量,在一定的纸和墨的条件下,印刷工人的技术水平则决定着印刷品的质量。

1. 描对版稿。将不同板块关键部位描在一张拷贝纸上,以便对稿。

2. 夹纸。将所需印刷的纸张用压条捆绑在水印台上,使之不能上下左右移动。

3. 对版。将版片背后粘上黏土,用对版稿精确地对准板块所对应的位置,用手触摸对版稿,上下左右移动,使之与版片相吻合。

4. 印刷。由深至浅，由干至湿依次印刷。干印，即宣纸上不喷水，表现清晰明确的线条；湿印，即对宣纸喷水，用平整的画板将喷过水的宣纸压住，约半个小时后，待水分被宣纸均匀吃透，即可湿印，多用于表现写意及大色块部分。

夹纸

刷版

印刷的主要技法有三种：刷、砑、掸。

刷，即用左手持棕刷，不要过紧，五指半握，将颜色调在盘内，用刷子蘸上颜色，持刷子的左手悬腕轻轻走动，力量均匀。

刷

　　砑，即在刷好之后，右手将固定好的宣纸送交左手，纸要拉平。持耙子的右手，手心向下，端平耙子。拇指向内，食指向上，中指和后边两指紧扣耙梁外边。砑的轻重快慢，需根据画面决定。

砑

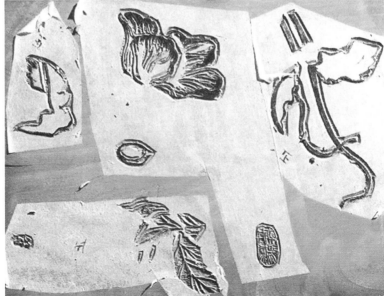

分版雕刻

铲底

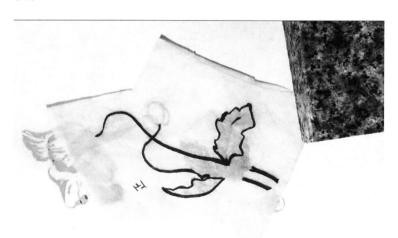

勾描

掸，是雕版印刷过程中的最高境界，需通过对绘画的理解和领悟，根据中国画的笔墨特点，行笔、落笔的笔法，以及深、浅、浓、淡的墨法，用毛笔在印版上做出渐变效果，印于宣纸上。

雕版印刷技艺中的独门绝技是饾版与拱花。

所谓"饾版"，就是分色、分版的套印方法。根据彩色画稿的设色要求，分别勾摹，雕刻成几十块甚至上百块的小木版，然后胶着于指定位置，用水墨、颜料逐色由浅入深依次套印或叠印。印品的色彩、层次和韵味，几与原作无异。因印版琐碎堆砌，有如五色小饼的饾饤（亦作"斗饤"）累积盆中，故名。它是现代分色套印的鼻祖，其制作过程比单色雕版更为复杂。制作者必须通过肉眼的判断，以及对中国画的理解，将七彩墨色的深浅、枯润，用笔始末，先后顺序等分别制成形状各异的印版，固定在准确的位置上，按照由浅到深、由淡到浓的原则逐色套印。明代称这种印刷方式为"饾版"，后称"木版水印"。

拱花是一种不着墨的印刷方法，以凸出或凹下的线条来表现花纹，类似现代的凹凸印、浮雕印。砑花或称"砑光"，起源于五代时期。砑花是用蜡的成分在纸背施压，印制的线条是凹陷进去的一个平面，而拱花线条是有凸有凹有咬合，甚至是有细微深浅层次的。

拱花技术的运用，大大增加了艺术感染力，又增加了新的趣味，体现出清逸淡雅的意味。饾版、拱花结合的代表作是明代末期徽州人胡正言在刻工汪楷协作下于南京（金陵）印成的《十竹斋笺谱》和《十竹斋书画谱》，同期还有漳州人颜继祖与南京刻工吴发祥（吴发祥应为出版商）合作用饾版印制的《萝轩变古笺谱》。

拱花版

拱花制作

拱花的基本步骤：描拱花稿；将拱花稿反贴在梨木版上；雕刻拱花线条部位，用拳刀将黑色部位刻去，留下空白地，形成一块拱花版；对版（对准需拱花的部位）；涂上特制药水；用棕刷加压、敲打直至纸面显现清晰的拱花线条；干燥，放置于阴凉通风处，不可人为加热或暴晒；拱花完成后揭起。

饾版拱花是将上述两种技法叠加使用，产生丰富且相对真实的

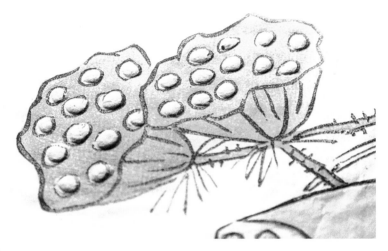

拱花

视觉效果,技巧性极高。

雕版有单色印刷,也有多色套印。这一工艺最早用于南宋的纸币印刷。尚存最早的双色套印本是元至正元年(1341年)的《金刚经注》。明代双色、多色套印书十分广泛,胡正言首创色版印刷,可复制彩色绘画作品。清初版画,用这一技艺套印彩色年画,著名的有杨柳青、杨家埠和桃花坞版画。

书籍装帧是印刷后的一道工序,大致有这样一些装帧形式:

经折装,从中间折叠,阅读时,可以一折折地看,收拢后为一长方体,节省存放空间。

旋风装,用一张长纸将书籍的首页和尾页黏结。

　　蝴蝶装，先将每一页印好的书页由书口向内对折，即把有字的一面相对折起来，然后把每一折页背面中缝粘在一张裹背纸上，再粘装上硬纸做封面。单边为书口，有字的两面书页像蝴蝶展翅一样，因此称为"蝴蝶装"。

　　包背装，是将书页正折，版心向外，然后集数页为一叠，排好顺序。以版口一侧为书脊，用包背纸和糨糊包裹书脊。

　　线装，打眼订线，以线绳固定书脊，因而牢固度高。线装书便于翻阅，且不易破散，直至今天仍有使用。

[叁]特征与价值

　　杭州雕版印刷技艺历史悠久，源远流长，技法独到，刻工精巧，印刷精美，具有鲜明的技艺特征、丰富的艺术内涵与文化价值。

　　1. 基本特征。

　　雕版印刷术凝聚着中国造纸术、制墨术、雕刻术、摹拓术等几种优秀的传统工艺的精髓，最终形成了这一独特的文化工艺。它为后来的活字印刷术开了技术上的先河，是世界现代印刷术最古老的技术源头，对人类文明发展和文化传播有着突出贡献。

　　雕版印刷术的基本特征：

　　一是历史悠久，源远流长。杭州雕版印刷术起于隋代末期，即7世纪初，至今已有一千四百多年历史。至宋后，杭州就一直是全国刻书出版的重要中心。

　　二是技法独到，影响深远。对人类文明的传播与发展起到了巨大的推动和促进作用。杭州雕版印刷独有的制作技法，对中国乃至世界印刷事业的发展起到了重要的推动作用。而印刷技术的发展，对人类文明的传播和社会的发展起着不可替代的作用。

　　三是刻工精巧，印刷精美，并有独特的艺术内涵。杭州雕版历来以选材精良、刻工精巧、印刷精美著称，后期的水印名家复制品更被称为"下真迹一等"，而且存世的优秀作品众多。

　　四是与杭州文化互相依存，互相促进。杭州是历史文化名城，历代文人荟萃，文化繁荣。杭州雕版印刷的发展离不开文化发展这个环境，又对文化的发展起着重要的促进作用。

　　五是官、私、坊及寺庙、书院刻书交相辉映，具有广泛性。尤其是私刻、寺庙、书院，刻书之风及刻书质量在全国首屈一指。

　　六是发展后期与版画结合，丰富了雕版印刷的艺术内涵。1957年，中央美术学院华东分院（后浙江美院）成立水印工厂，搜罗了当时散落在民间的原官、私、坊刻家的雕版艺人，结合版画艺术技法，培养了邓野、韩法、张耕源、何逊谟等一批全新意义的雕版艺术家（同时还是画家），使杭州雕版印刷技术有了质的飞跃，也推动了版画艺术的发展。

　　2. 文化价值。

　　印刷术的文化价值体现在其对文化的推动与发展上。正因为有了雕版印刷术,中国传统文化得以延续,文明得以进步,并使书籍这一文明的载体得以在国内甚至国外传播。

一是科学研究价值。雕版印刷技艺的发展和其他技艺一样,与科学的发展相随相伴。雕版印刷在雕刻、印刷等各个环节无不依赖于科学技术的发展。同时,雕版印刷技术的发展,也推动了印刷科技的不断进步,使印刷术从古老的雕版技艺发展至现代化的数字激光照排。它具有十分重要的科学研究价值,能够为科研工作者提供丰富的原始资料。

二是艺术审美价值。雕版印刷技艺兼有书法、国画、镌刻、文辞之美,与碑碣、石刻、画像砖、画像石有异曲同工之妙。文辞的文学性,文字的书法美,图画的造型美,独特的章法结构和变化莫测的刀法美以及拓印的好坏,是雕版艺术的主要审美要素。版式美和装帧美是形式美的集中体现。虽然现在的印刷技术相当先进,但由于雕版印刷有其独特的效果和韵味,在很多方面,特别是古籍重版、书画再现等方面,有着现代印刷无法达到的长处。杭州雕版印刷在长期的发展过程中生产了大量的产品,印刷内容包罗万象,这些书籍为文化、艺术、社会等各个方面保存了原始资料,具有极高的学术价值和审美价值。

三是文化传播价值。雕版印刷术发明后不久,就开始向东方邻国传播。13世纪起,沿着丝绸之路向西方传播,经波斯、埃及向欧洲传播。

近代以来,由于西方现代印刷术的传入,雕版印刷术因手工技艺繁杂、成书速度慢、成本高、色彩单一而逐渐退出历史舞台。因此,抢救和保护这一绝技刻不容缓。

三、杭州雕版印刷技艺代表作品

南宋时期的杭州，刻书业达到了顶峰，成为全国出版业的中心。此后一直非常活跃，刻印了很多高质量的书籍。

三、杭州雕版印刷技艺代表作品

[壹] 历史上杭州雕版印刷技艺代表作

　　五代时期的宗教印刷很兴盛，印佛经最多的是吴越国国王钱弘俶。我们发现，他至少有三次主持刻印佛经，这几部佛经属杭州雕版印刷史上最早的作品之列。一是后周显德三年（956年）刻印的《宝箧印经》，民国六年（1917年）于湖州天宁寺石幢象鼻中发现；二是宋乾德三年（965年）刻印的《宝箧印经》，1971年于绍兴城关塔中发现；三是宋开宝八年（975年）刻印的《宝箧印经》，民国十三年（1924年）杭州雷峰塔倾圮时被发现。

　　到了北宋，国子监所刻印的书籍多数都拿到杭州刻印，而非在汴京。宋代叶梦得《石林燕语》卷八记载："今天下印书，以杭州为上，蜀次之，福州最下。京师比岁印版，殆不减杭州，而纸不佳，蜀与福建多以柔木为之，取其易成而速售，故不能工。"《资治通鉴》是中国古代史学巨著，为北宋司马光所撰。他在元祐元年（1086年）校订完毕后，送往杭州雕版，元祐七年（1092年）刊印行世，此为《资治通鉴》最上乘的版本。南宋时期的杭州，刻书业达到了顶峰，成为全国出版业的中心。

　　宋政和八年（1118年），杭州大隐坊刻《重校正朱肱南阳活人书》十八卷，临安府太庙前尹家书籍铺刻《钓矶立谈》一卷、《渑水燕谈录》十卷、《北户录》三卷、《茅亭客话》十卷、《却扫编》三卷、《续幽怪录》四卷、《箧中集》一卷、《曲洧旧闻》十卷（该书序后有"临安府太庙前经籍铺尹家刊行"字样），杭州钱塘门里车桥南大街郭宅铺刻《寒山拾得诗》一卷，临安府金氏刻《甲乙集》十卷（此书据叶德辉考证，为南宋书棚本，即临安府棚北大街睦亲坊南陈宅书籍铺印行的书籍）。

　　此外，杭州开笺纸马铺钟家刻《文选五臣注》三十卷（唐吕延济、刘良、张铣、吕向、李周翰注），北大图书馆、北京图书馆均有残卷，卷末刻有"钱塘鲍询书字，杭州猫儿桥河东岸开笺纸马铺钟家印行"。宋绍兴二十二年（1152年）临安府荣六郎书籍铺刻葛洪撰《抱朴子·内篇》二十卷，现藏辽宁省图书馆。该书半版十五行，行二十八字，白口，左右双边，宋讳玄、匡、徽、敬、恒等字缺笔。卷二十后刻有"旧东京大相国寺东荣六郎家，见寄居临安府中瓦南街东，开印经史书籍铺，今将京师旧本《抱朴子·内篇》校正刊行，的无一字差讹，请四方收书好事君子，幸赐藻鉴。绍兴壬申二十二年六月旦日"牌记。该店原设开封，宋室南迁，荣氏书铺也跟随南下，于杭州继续开店印卖书籍。说明其店经营历史悠久，且注重内容，校勘精确，质量上乘，是一份极有宣传力的售书广告。

　　杭州太庙前尹家书籍铺，历经父子两代，所刻印的书有《钓矶立谈》一卷、《渑水燕谈录》一卷、《北户录》三卷、《茅亭客话》十卷、《却扫编》三卷、《曲洧旧闻》十卷、《箧中集》、《述异记》等。尹家刻印的《续幽怪录》，为唐李复言撰，此书原名《续玄怪录》，因避宋讳而改"玄"为"幽"。证明此书刻印于宁宗时期（1195—1224）。该书目录后面刻有"临安府太庙前尹家书籍铺刊印"。内文字体细瘦硕挺，有柳公权风格，刻印十分精致，可称杭刻本的代表。

　　南宋时，浙江地区坊间刻书最著名的是陈氏。临安府陈氏书籍铺不止一家。其所刻书可被视为宋代书棚刻书的代表。据现存实物考证，陈氏刻书多在书后印有牌记。

　　陈氏刻书者，又以陈起父子最受人关注。陈起，字宗之，室名芸居楼，于临安府睦亲坊卖书开肆。能诗，有较高的文学造诣，又有武林陈学士之称，尤其与江湖诗人交往密切。好刻唐人诗集，有"字画堪追晋，刊诗欲遍唐"之誉。陈氏刻印的唐宋文集和笔记小说有近百种之多。他对于贫困的文士以及怀才不遇者，抱有同情之心，低价售书或慷慨解囊相助。与他交往的诗人寄赠的诗词中，即有"哦诗苦似悲就客，收价清于卖卜钱"，"独愧陈徵士，赊书不问金"之句。

　　陈起之子续芳也刻书卖书。叶德辉据诸家书目记载统计，陈氏刻书每卷后均刻字一行，其文详略不同。如卷后记：

1. 临安府棚北睦亲坊陈解元书籍铺刊行的书有宋郑清之《安晚堂集》七卷、宋林同《孝诗》一卷、宋林希逸《竹溪十一稿诗选》一卷及陈必复《山居存稿》一卷、刘翼心《游摘稿》一卷、李龏《梅花衲》一卷。

2. 临安府棚北大街睦亲坊南陈解元书籍铺刊印的书，有宋张至龙《雪林删余》一卷。

3. 临安府棚北大街陈解元书籍铺印行的书有宋周弼《汶阳端平诗隽》四卷及李龏《翦绡集》一卷。

4. 临安府棚北睦亲坊巷口陈解元宅刊行的书有唐《王建集》十卷。

5. 临安府陈道人书籍铺刊行的书有汉刘熙《释名》八卷、唐康骈《剧谈录》二卷、宋释文莹《湘山野录》三卷续一卷、宋邓椿《画继》五卷、宋郭若虚《图画见闻志》六卷。

6. 临安府陈道人书铺刊行的书有宋孔平仲《续世说》十二卷。

7. 陈道人书籍铺刊行的书有宋无撰人《灯下闲谈》二卷。

8. 临安府棚北大街睦亲坊南陈宅书籍铺刊行的书有唐《韦苏州集》十卷、《唐求诗》一卷，宋李龏《梅花衲》一卷及刘过《龙洲集》一卷。

9. 临安府棚前睦亲坊南陈宅书籍铺刊行唐《李群玉诗集》三

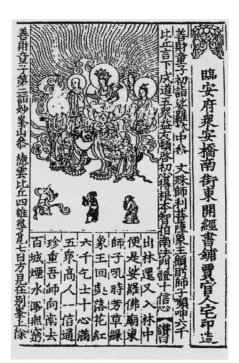

南宋《佛国禅师文殊指南图赞》书影

卷、后集五卷。

10. 临安府棚北大街陈宅书籍铺刊行的书有宋姜夔《白石道人诗集》一卷、宋王琮《雅林小稿》一卷及戴复古《石屏诗续集》四卷。

11. 临安府陈氏书籍铺刊行的书有宋俞桂《渔溪诗稿》二卷。

12. 临安府棚北大街睦亲坊南陈宅书籍铺印的书有唐《张□□诗集》一卷。

13. 临安府棚北睦亲坊南陈宅书籍铺印的书有唐《周贺诗集》一卷、李中《碧云集》三卷、《唐女郎鱼玄机诗》一卷。

14. 临安府棚北睦亲坊南棚前北陈宅书籍铺印的书有宋陈允平《西麓诗稿》一卷。

15. 临安府棚前北睦亲坊南陈宅经籍铺印的书有梁江文《通集》十卷，唐《李贺歌诗编》四卷、集外诗一卷，《孟东野诗集》十卷，韦庄《浣花集》十卷。

16.临安府棚北大街睦亲坊南陈宅书籍铺印行的书有唐《罗昭谏集》《甲乙集》十卷。

17.临安府睦亲坊陈宅经籍铺印的书有唐《朱庆余诗集》一卷、宋赵与时《宾退录》十卷。

18.临安府棚北大街陈宅书籍铺印行的书有唐李咸用《李推官披沙集》六卷及戴复古《石屏诗续集》四卷。

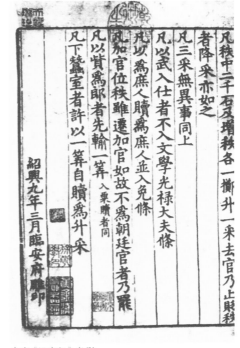

南宋《汉宫仪》书影

19.临安府棚北大街睦亲坊南陈宅刊印的书有唐《常建诗集》二卷。

临安书肆刻书不止一家，还有陈思（亦称陈道人）刻书。南宋藏书家陈振孙《室刻丛编》序："都人陈思卖书于市，一士之好古博雅，其搜遗猎忘，足其所藏，与夫故家之沦堕不振，出其所藏以求售者，往往交于其肆。既开书肆卖书也自刻所著书。"著述有《室刻丛编》《海棠谱》《书苑菁华》《书小史》《小字录》等。

同时，有临安府鞔鼓桥南河西岸陈宅书籍铺刻《容斋三笔》十六卷，以及临安府洪桥子南河西岸陈宅书籍铺刻唐《李勣丞相集》二卷等。

据明代周弘祖《古今书刻》上编所载，在杭州省级衙署及杭州府的刻书有：

1. 浙江布政司刊本八种，即《东汉文鉴》《西汉文鉴》《说文解字》《救荒活民补遗》《诸司职掌》《仪礼经传》《律吕元声》《近思录》。

2. 浙江按察司刊本六种，即《疑狱集》《官箴集要》《大明律》《竹枝词》《程史》《唐鉴》。

3. 杭州府刻本三十种，即《大唐六典》《四书集注》《武林遗事》《礼经会元》《原病式》《周礼》《始丰集》《千家全集唐诗》《元诗体要》《韵海》《唐诗类编》《宋学士文粹》《算法大全》《咏物新题》《雪溪渔唱》《万竹山房集帖》《龙门子》《群珠摘粹》《养生杂纂》《刘伯温文集》《程氏遗书》《伊洛渊源》《四书白文》《温公我箴集》《精忠录》《林和靖诗》《近思录》《太白山人诗》《荩斋医要》《西湖游览志》。

清丁申《武林藏书录》卷上《杭州诸公署镂版》，据陈善《万历杭州府志》所载，尚有巡抚都察院刊本十三种（书名略）、浙江布政司刊本又二十七种（书名略）、浙江按察司刊本又十六种（书名略）、两浙运司刊本十一种（书名略）、杭州府刊本又十二种（书名略）。

清代，杭州同治年间刊书有《清御纂七经》《通鉴辑览》《纲鉴正史约》《大学衍义》《小学纂注》《旧唐书》《文庙通考》《绎志》《古文渊鉴》《新唐书》《平浙纪略》《周季编略》《王文成公全书》《四书反身（省）录》《诗义折中》《小学韵语》等；清光绪年间杭州刊书有《宋史》《二十二子》《湖山便览》《唐宋文醇》《西湖志》《岳庙志略》《理学宗传》《续资治通鉴长编》《唐宋诗醇》《清三通》《论语后案》等。

民国二十一年（1932年），浙江书局共有书版十六万三千六百九十片，其中自刻者计十二万二千四百八十六片，捐赠四万零一百五十一片，寄存者一千零五十三片。

[贰]近现代杭州雕版印刷技艺代表作

清代后期，以铅字排印印刷业逐渐兴起，雕版印刷渐渐衰落，这是科学进步的必然。清光绪十八年（1892年）杭州出现用蒸汽带动的石板印刷机，成立了石印书局。至民国元年（1912年），杭州有石印、铅印印刷所（店）十多家。由于石印和铅印发展快，有天然的优势，故而逐步取代传统的雕版印刷，这已是大势所趋。

杭州民国时期雕版刻书有：

1. 浙江图书馆：清宣统末年，浙江官书局并入浙江图书馆后，以浙江图书馆的名义刻印书籍出售。当时所印之书，一是利用清代

清代雕版（黄小建　藏）

浙江官书局所刻书版再加印刷。二是新刻了一些书籍，有《两浙金石志》十二册、《两浙防护录》二册、《两浙辅轩录》三十二册、清潘衍桐的《两浙辅轩续录》四十二册、宋王应麟的《玉海》一百册、《浙江通志》一百二十册、《诚意伯文集》一册等。民国年间也刻印了一些新书，如毛春翔《史目志》及《蓬莱轩地理丛书初集》《蓬莱轩地理丛书二集》等。

2. 西泠印社：民国年间西泠印社刻书颇多，多为印谱、碑帖及书画集等，刻印颇精，据记载，有《遁庵秦代古铜印选》《龙泓山人印谱》《悲庵剩墨》《金石家书画集》《西泠八家印选》《赵扨叔印谱》《广印人传》《杭郡印辑》《隐闲楼记》《武林金石记》等。

  3. 抱经堂书店：抱经堂书店主人朱遂翔（1894—1967），字慎初，绍兴曹娥人。清乾隆时，杭州有卢文绍藏书楼抱经堂，卢又曾刻"抱经堂丛书"，朱遂翔慕其名而亦命其书肆为"抱经堂书店"。朱氏精通版本目录之学，所开书肆以经营雕版木刻书为主。抱经堂不但收书，还收古籍版片，印刷出版有二十五种，其中有《榆园丛刊》《唐文粹》《说文韵校补》《西湖雷峰塔藏经》等。

  4. 吴昌绶双照楼：吴昌绶，字印臣，又字百宛，号甘遁，别号松邻，浙江仁和（今杭州）人。为清杭州著名藏书楼吴氏瓶花斋后人。喜藏书刻书。

  5. 顾燮光金佳石好楼：顾燮光（1875—1949），字鼎梅，号崇堪，原籍浙江绍兴，居杭州龙翔桥一带。喜藏书，搜罗名椠佳刻甚多，尤以藏碑帖称富。藏书处称"金佳石好楼"。辑有《非儒非侠斋集》《刘熊碑考》《西浙金石别录》《伊关造像目录》及"顾氏舆地金石丛书"等。自撰有《河溯金石目》《河溯访古新录》，为民国十九年（1930年）刻本。

  此外，杭州的旧书店也兼有翻印出版业务。如慧空经房、玛瑙经房均自刊佛经书出售。慧空经房印行佛经二十八种。文元堂翻印了《红楼梦图咏》和《西湖导游》《游杭纪略》等木刻、铅印书十余种。问经堂印行有《竹筒斋二十四史》。六艺书局于1930年出版《南宋官闱杂咏》《妇人集》《美人湖才女纪史诗咏》等书。

[叁]当代杭州雕版印刷技艺传承人代表作

雕版印刷技艺代表性传承人黄小建的代表性作品：

雕版刻本《唐女郎鱼玄机诗》，限量百部行世。书后有古籍鉴藏

清平山堂收藏的新版、翻刻图书

名家范景中先生跋文，是新中国成立后重雕鱼诗的第一个刻本。雕版完全依存古法，先用毛笔描摹原稿，然后附在木板上依样镌刻。这个本子较其他版本更古色古香，雕版意味更加鲜明。本书据国家图书馆藏南宋临安府棚北睦亲坊南陈宅书籍铺刻本重雕。陈宅刻书在宋代负有盛名，是历代藏书家倾力追求的善本。此书自明代起，先后由著名藏书

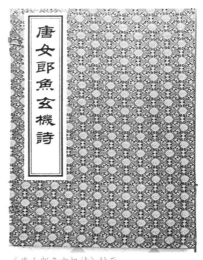

《唐女郎鱼玄机诗》封面

家朱承爵、项元、何焯、兰陵缪氏、黄丕烈、徐紫珊、袁寒云等人收藏。后辗转收归国家图书馆，是难得一见的版刻精品。

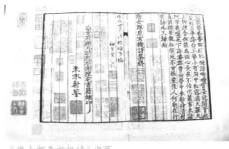

《唐女郎鱼玄机诗》内页

唐女郎魚玄機詩

賦得江邊柳
翠色連荒岸煙姿入遠樓影鋪秋水面花落釣
人頭根老藏魚窟枝低繫客舟瀟瀟風雨夜驚
夢復添愁

贈鄰女
羞日遮羅袖愁春懶起粧易求無價寶難得有
心郎枕上潛垂淚花間暗斷腸自能窺宋玉何
必恨王昌

寄國香
旦夕醉吟身相思又此春雨中寄書便寬下斷
腸人山捲珠簾看愁隨芳草新別來清宴上緩
度落梁塵

寄題鍊師
霞綃剪為衣添香出繡襦幃語開籠放鶴飛高堂春睡暮
稀駐鴈回驚悵芙蓉花葉　　山水峨

寄劉尚書
雨正霏霏
八座鎮雄雪十詞謠滿路新汾川三月雨晉水百
花春園圓長空鎖干戈久覆塵儒僧觀子夜鞞

豔歌琴春香四絃輕撥語喃喃當臺競鬥青絲
髮對月爭誇白玉簪小有洞中松露滴大羅天
上柳煙含但能為雨心長在不怕吹簫事未諧
阿母幾嗔花下語潘郎曾向夢中參暫持清句
竟猶斷若觀紅顏死亦甘悵望佳人何處在行
雲歸北又歸南

唐女郎魚玄機詩集終

十二

臨安府棚北睦親坊南陳宅書籍鋪印

南宋临安府棚北睦亲坊南陈宅书籍铺刻本《唐女郎鱼玄机诗集》内页

了期

和人

茫茫九陌無知已暮去朝來典綴衣寶匣鏡昏
蟬鬢亂梳山爐暖麝煙微多情公子春留句少
思文君晝掩屏莫惜羊車頻列載柳絲梅綻正
芳菲

蕭漢江寄子安 六言

寓言六言

〔魚玄機〕

九

江南江北愁望相思相憶空吟鴛鴦卧沙浦
鸊鵜閒飛橘林煙裏歌聲隱隱渡頭月色沉沉
含情咫尺千里況聽家家遠砧

闇中獨坐含情芙蓉月下魚戲蟪蛄天邊雀聲
紅桃處處春色碧柳家家月明樓上新粧待夜
人世悲歡一夢如何得作雙成

江陵愁望寄子安

楓葉千枝復萬枝江淹橋映暮帆遲憶君心似
西江水日夜東流無歇時

寄子安

醉別千卮不浣愁離腸百結解無由蕙蘭銷歇
歸春園楊柳東西絆客舟聚散已悲雲不定恩

蘭心灼灼桃兼李無妨國士尋羞世人
月色苦堪淨歌聲竹院深門前紅葉仍
地不掃待知音

期友人阻雨不至

鷹角空有信雞黍無期閒户方籠月雲簾已
散絲近泉鳴砌畔遠浪漲江湄鄉思悲秋客愁

吟五字詩

訪趙鍊師不遇

何處同仙侶青衣獨在家暖爐留煮藥鄰院為
煎茶晝壁燈光暗幡竿日影斜慇懃重四首墻

七

導懷

開散身無事風光獨自遊斷雲江上月解纜海
中舟琴弄蕭梁寺詩吟庾亮樓叢篁堪作伴片
石好為傳燕雀徒為貴金銀志不求滿杯春酒
綠對月夜琴幽遠砌澄清沿抽簪映細流卧床
書冊遍半醉起梳頭

外數枝花

寄飛卿

階砌亂蛩鳴庭柯煙露清月中鄰樂響樓上遠
山明珍簟涼風著瑤琴寄恨生稽君懶書札底

《唐女郎鱼玄机诗》内页

《唐女郎鱼玄机诗》雕版之一

《唐女郎鱼玄机诗》雕版之二

雕版

捐赠证书

先生女士：

感谢您捐赠的
杭州市非物质文化遗产保护中心收藏
感谢您对非物质文化遗产承保护事业
的支持与奉献。
特颁此证，以致感谢。

物品名称
物品材质
物品规格
捐赠时间
物品编号

图片粘贴处

杭州市非物质文化遗产保护中心

年
月
日

观音像雕版

饾版拱花《松鹤图》

为董桥先生刻制的笺纸

董桥笺纸套版

岳麓书院笺纸

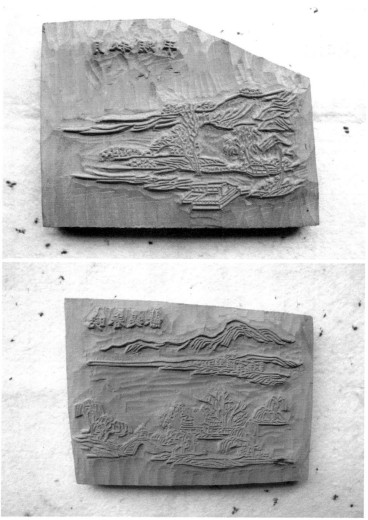

"西湖十景"雕版

"西湖十景"雕版

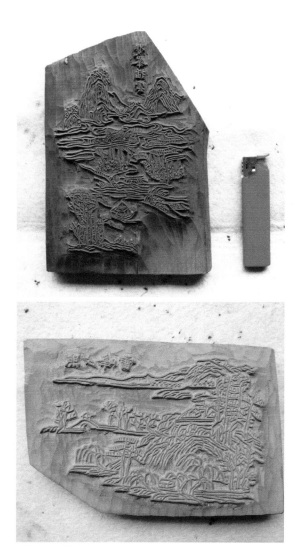

"西湖十景"雕版

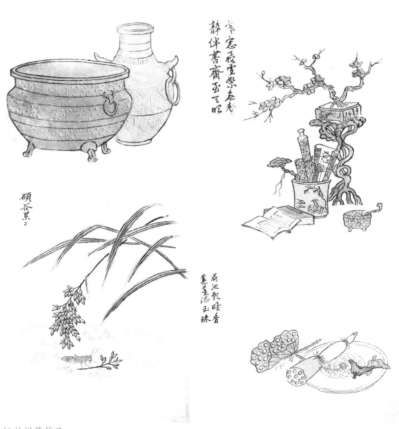

硕谷黑三

镶版拱花作品

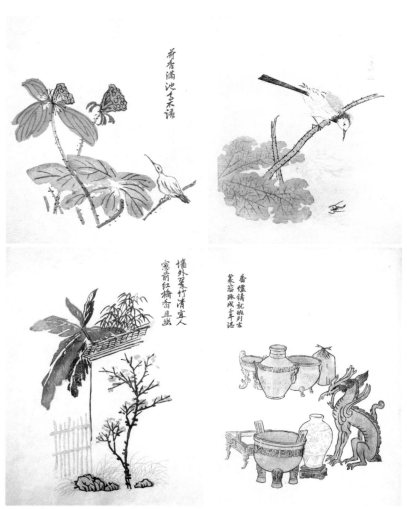

饾版拱花作品

斜陽只送暮柳疏
离鞍湖遠湖畫影

饾版《山水》

硯田業墨真滋味
心底芝蘭有異香

饾版拱花《文房四宝》

竹菊清供

饾版拱花《盆菊》

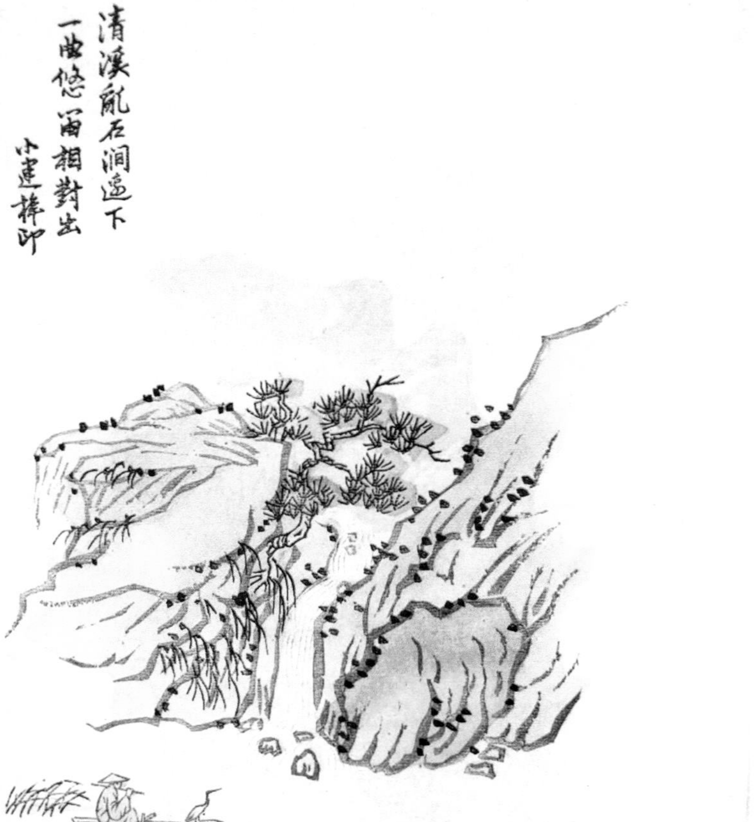
清溪亂石澗邊下
一曲悠笛相對出
小建捧印

饾版拱花《溪山野渡》

拳峰出没白云中
烟树参差溪又浓
华意若寒看不尽
飞来还霭雨三峰

饾版拱花《溪山钟楼》

老将黄忠收川立大功
重披金铠甲
手挽镔白髭
豪气惊黄河
山威名镇
蜀中

饾版拱花《黄忠》

饾版拱花《芦荡白鹭》

四月朱樱未荐

妾椒
沈存德

《十竹斋书画谱》内页

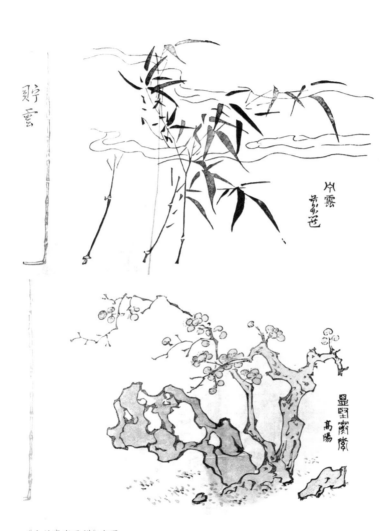

《十竹斋书画谱》内页

《十竹斋书画谱》内页

饾版拱花《螳螂月季》

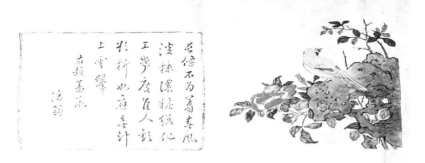

《十竹斋书画谱》内页

怡王府笺纸

饾版拱花《博古花架》

怡王府笺纸

饾版拱花《博古假山》

饾版拱花《骄龙出海》

饾版拱花《牡丹》

饾版《花卉》

怡王府笺纸

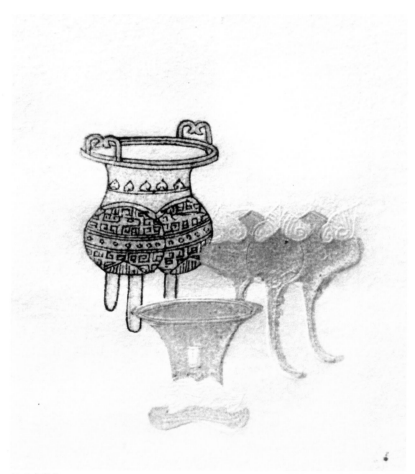

怡王府笺纸

《十竹斋笺谱》内页

饾版拱花《花卉》

饾版拱花《梅壶》

饾版拱花《海上浴日》

饾版拱花《壶瓶》

陈师曾笺纸

饾版拱花《文房清供》

雕版《松树》

四、杭州雕版印刷技艺的保护与传承

保护传承雕版印刷技艺，要秉承「保护为主，抢救第一，合理利用，传承发展」的方针。对此，杭州市西湖区政府把研究雕版印刷文化作为建设文化先进区的重要内容之一。这是具有前瞻性和创新性的，它将为非物质文化遗产项目杭州雕版印刷技艺的保护和发展奠定有力的基础。

四、杭州雕版印刷技艺的保护与传承

[壹] 传承谱系

1. 历史上的黄氏一族。

徽派版画以黄氏一族最为有名，素有"徽刻之精在于黄，黄刻之精在于画"之说。所刻版画，不仅是明代的扛鼎之作，也代表着我国古代版画和印刷史上的最高水平。

黄氏刻工的精绝技艺，被全国许多地方的著名书坊所倚重，许多地方不惜重金延聘。南京、苏州、杭州、湖州、北京等地，都有黄姓版画刻工完成的经典作品传世。如黄尚润、黄应瑞、黄应宠、黄应秋、黄应光、黄一彬、黄一楷、黄子立、黄一凤等就寓居于杭州，在明代最后七十年刻印的书籍中，就有五十种为黄姓刻工所刻。

徽州《虬川黄氏宗谱》记载了黄姓刻工的姓名、生卒年月、世系关系，所刻书目也有详细介绍。下面就寓居于杭州的歙县黄氏一族简介如下：

黄尚润，后寓杭州，明万历七年（1579年）刻《九华山志图》。

黄应瑞，住杭州，明万历年间刻《大雅堂杂剧》《闺范图说》《明状元图考》《性命双修万神圭旨》《女范编》《四声猿》。

黄应宠，住杭州，明万历三十二年（1604年）刻蔡冲寰画的《图绘宗彝》。

黄应秋，住杭州，明万历四十四年（1616年）刻《青楼韵语》。

黄应光，住杭州，明万历至天启年间刻《昆仑奴》《新校注古本西厢记》《陈眉公选乐府先春》《李卓吾先生批评玉合记》《琵琶记》《北西厢记》《小瀛洲社会图》《元曲选》《订正批点画意北西厢》。

黄一楷，住杭州，刻《王李合评北西厢记》《闺范图说》《顾典斋元人杂剧》《牡丹亭还魂记》《梵刚经菩萨戒》《吴越春秋乐府》。

黄一彬，住杭州，刻《青楼韵语》《西厢记》。

黄一凤，住杭州，刻《顾典斋元人杂剧》《牡丹亭还魂记》。

黄建中，住杭州，刻《九歌图》《隋炀帝艳史》。

2. 传承谱系。

目前已知的传承谱系大致如下：

1928—1957年：许小松、陈福来、丁立信等。

1958—1968年：邓 野、韩法、张耕源、何逊谟等。

1969—1980年：徐银森、王刚、陈正尧、郁忠明、俞弘等。

1981—1996年：黄小辉、黄小建、陈见、钱小平、吴国鹰、陈品超等。

（许小松，玛瑙经房的雕版传人；陈福来，慧空经房的雕版传人；丁立信，嘉惠堂的雕版传人。）

邓野

男，原名邓年，字应山人。1924年3月出生于湖北广水市，画家、美术教育家。1948年毕业于华北联合大学文艺学院美术系，留校任教。1949年9月随江丰、莫朴、彦涵等人南下接办杭州国立艺专，在浙江美术学院（今中国美术学院）执教近四十年。中国美术家协会会员，浙江省花鸟画家协会顾问、浙江省老干部美术家协会顾问、中国人才研究会艺术家学部一级艺术委员、中原书画研究院名誉院长。作品和传略入编《中国当代艺术界名人录》《世界当代书画篆刻家大辞典》等二十余部典籍。

张耕源

男，又名张根源。1938年10月出生，祖籍江苏省张家港市。国家二级美术师，中国美术学院退休。系西泠印社理事、西泠印社肖像印研究室主任、中国书法家协会会员、浙江省书法家协会顾问、浙江省篆刻创作委员会名誉主任、浙江开明画院副院长、新加坡墨澜社海外顾问等。兼善中国书、画、篆刻，尤以篆刻名重于世。

徐银森

男，1937年出生，浙江诸暨人。书画篆刻家，曾受潘天寿、诸乐三悉心教诲。现为西泠印社社员、西泠书画院特聘画师、中国书法家协会会员、浙江逸仙书画院名誉院长以及中国美院老教授美术中心主任、教授。1955年考入中央美术学院华东分院（今中国美术学院）附属中学，1959年考入中央美术学院华东分院，1964年毕业分配留校任教。1987年担任中国美术学院附中副校长，1993年退休。2008年受美国内布拉斯加大学邀请，赴林肯市、奥马哈市举办书画篆刻作品展，并被该大学聘为客座教授。先后在我国香港地区及法国巴黎举办个人书法篆刻展，作品被中外爱好者广为收藏。篆刻与雕版艺术，风格兼工带写，笔力苍劲有力，结体严谨，线条古朴。

陈品超

男，木版水印大师，技艺精湛，尤善用刀之法。复制的朱耷、齐白石、徐悲鸿、潘天寿等大家名作，惟妙惟肖，几可乱真，代表了当今木版水印的最高水准。

3. 代表性传承人黄小建。

浙江省非物质文化遗产项目杭州雕版印刷技艺第一批代表性传承人。

1953年出生于浙江杭州，现居住于杭州市西湖区北山街道保俶路桃园新村。杭州工艺美术家协会会员。1978年进入中央美术学院华东分院（今中国美术学院）水印工厂工作，师从于张耕源、徐银森等，学习传统雕版、水印技术，完整地掌握了传统雕版及木版水印技术。之后，水印工厂解散，但仍然坚持继续刊刻雕版。2005年，在藏书爱好者的支持下，于木版水印的基础上，经过大半年的摸索实践，成功翻刻了《唐女郎鱼玄机诗》，中国美术学院王伯敏教授特为此书题写了书名，范景中教授为此书撰写了跋。此书受到了国内各大古籍出版社、博物馆专家的一致好评。同时，经过不懈努力，成功重现了饾版、拱花等特殊工艺。他还通过培训、授徒等形式，致力于培养杭州雕版印刷术新一代传承人。

杭州市政府对杭州雕版印刷术给予了高度重视，采取了一系列保护措施。西溪湿地在重建的清平山堂建立了杭州雕版印刷术陈列馆，使这项古老的技艺得到了良好的继承和保护。黄小建的雕版印

切磋

刷技艺走进了工艺美术馆,这也让他有更多机会向人们展示这项古老的技艺。

[贰] 现状与措施

(一) 现状与措施

保护传承雕版印刷技艺,要秉承"保护为主,抢救第一,合理利用,传承发展"的方针。对此,杭州市西湖区政府把研究雕版印刷文化作为建设文化先进区的重要内容之一。这是具有前瞻性和创新性的,它将为非物质文化遗产项目杭州雕版印刷技艺的保护和发展奠定有力的基础。

目前,雕版印刷技艺的保护与传承已进入一个新的发展阶段,成为推动区域文化及和谐社会发展的一大优势资源。契合新时期新阶段文化大繁荣、大发展的要求,目前需解决如下几个问题:一是整体生产性保护规划滞后,雕版印刷技艺基地建设薄弱,行业发展与资源保护的矛盾没有得到有效的协调;二是雕版印刷技艺文化的发掘和提炼层次不高,作坊式保护难显规模效应,作品加工与市场认可度不高,缺乏市场竞争力;三是传承人才缺乏,雕版印刷技艺与旅游等产业协调联动性不强,制约了其生产性保护的互补共赢发展。

面对上述这些问题,西湖区北山街道从提高雕版印刷技艺的当代文化地位,提升雕版印刷技艺文化品位入手,坚持保护性开发,立足长远发展，打造生产性保护链条，用旅游和生产性市场效应引领雕版印刷技艺保护发展。推动文化带动生产性传承发展，用深厚的历史底蕴提升雕版印刷技艺生产性发展和旅游文化发展，实现资源与效益的整合，市场与产品的互动，文化与经济的融合，不断促进雕版印刷技艺生产性保护的良性发展。

西湖区北山街道主要着力抓好以下几方面工作：

1. 搭建发展服务平台。争取省、市、区政府在政策、项目、资金上给予扶持。改革现有政府管理机制，加强对雕版印刷技艺保护与传承的管理和服务。北山街道将联合杭州黄小建雕版印刷技艺工作室，建立协调机制，齐抓共管，把雕版印刷技艺保护与传承纳入北山街道经济社会发展总体规划。

2. 完善扶持政策。区（市）和街道财政要加大对雕版印刷技艺保护传承的扶持力度，根据《浙江省传统工艺美术保护条例》，建立非物质文化遗产保护发展专项资金，用于项目宣传保护和传承活动的开展。争取区财政、工商、税收等部门出台相关扶持政策，鼓励传承人经过整合，以小企业的生产模式进行生产经营，对这类生产经营作坊和企业予以扶持。金融机构要加大对雕版印刷技艺作坊或者企业信贷支持力度，做好流动资金贷款支持工作。

3. 构筑雕版印刷文化平台。加强雕版印刷文化内涵的宣传和弘扬，加强与中国美术学院等高等院校的学研合作，争取成为这些高等院校的研究、学习基地。积极开展与其他地区的文化交流，大力推进雕版印刷文化内容创新，扶持和推动优秀雕版印刷作品的创作、加工与传播，鼓励雕版印刷技艺传承人不断创作出满足人们欣赏、享受和贴近人们生活、贴近实际，具有传承和创新意义的文化艺术成果，提高雕版印刷技艺的文化品位。充分发挥雕版印刷技艺特色，走雕版印刷技艺精品创作与旅游产品开发相结合的保护与传承之路，进一步开发具有时代气息与雕版印刷技艺工艺特色的高档工艺品和旅游产品。

4. 利用多种宣传媒体和途径，展示雕版印刷技艺的文化魅力，提高雕版印刷技艺的知名度。要通过举办讲座、培训、展览等多种形式的专题活动大力宣传、弘扬雕版印刷文化。

5. 构筑人才平台。大力培养后续传承人才，加强雕版印刷文化传承队伍建设，逐步建立雕版印刷技艺培训基地。坚持引进人才和培养人才并重，引进人才和引进智力并重，建立"政府引导、行业指导、单位自主、个人自愿"的人才引进、培养和使用机制，使人才队伍得到较快发展，质量得到明显提高。代表性传承人要起传承技艺的带头作用，从业人员要自觉接受再教育培训，提高创作素质，成为雕版印刷技艺的主力军。就地培养人才，充分发挥"师带徒"的作用培养后备人才。在中国美术学院成人学院等开设雕版印刷艺术专业，建立培训基地，为雕版印刷技艺生产性保护输送新的血液。采取激励措施，建立传承人奖励机制，营造尊重传承人才、吸引传承人才、发挥传承人才作用的良好舆论环境、竞争环境和社会氛围。

雕版印刷文化建设是任重而道远的长期工程。雕版印刷文化的形成、发展和演变，它的主体始终是人民群众，群众始终是雕版印刷文化的发起者、实践者和受益者，只有依靠他们，才能将祖辈传下来的地域文化传承下去并发扬光大。

近年来，杭州市西湖区成立了非物质文化遗产保护中心，建立了非物质文化遗产智慧文化数据库。结合古籍出版，在华宝斋开展培训授徒，目前已培养了二十余名传承人。2014年，西湖区文化广电新闻出版局和政协领导多次实地走访传承人，帮助解决传承过程中遇到的问题和困难。同年6月中旬，黄小建雕版印刷技艺工作室正式成立。西湖区还结合"321"文化走亲活动和"文化遗产日"展演活动举办图片展，开展杭州雕版印刷技艺讲座，传承人黄小建现场进行教学演示，和大家分享作品，共同感受杭州雕版印刷的魅力，为非物质文化遗产的挖掘与开发起到了积极的推进作用。

（二）保护规划

杭州市政府及各部门对杭州雕版印刷术给予了高度重视，采取了一系列保护措施，使这项古老的技艺得到了继承和保护。保护单位是杭州黄小建雕版印刷技艺工作室。

保护规划内容如下：

1. 进一步搜集、整理和记录、保存资料,建立杭州雕版印刷数据库,出版《杭州雕版印刷》一书。

2. 继续在华宝斋等地方开设雕版印刷培训班,培养更多的传承人。

3. 设立杭州雕版印刷技艺北山街道展陈室。

4. 在万向职业技术学院等高等院校开设非物质文化遗产大学堂。

5. 在电视、报刊和网络等媒体开展广泛的宣传活动。

附录

（一）展示

1. 北山工作室：面积55平方米，主要从事雕版印刷的资料整理、实物搜集、初期设计、打样等。

2. 万向职业技术学院雕版印刷工作室：面积60平方米，2013年开班，首次尝试高职院校开设雕版印刷课程，先后培养八十多名学生。2015年召开的市职业教育大会上被浙江省文化厅授予"浙江省非遗教学基地"称号。

杭州职业技术学院雕版印刷工作室

领导视察华宝斋雕版工作室

3. 杭州职业技术学院雕版印刷工作室：面积约30平方米, 2015年开班, 每个学期约十五名学生。

4. 富阳华宝斋木版水印工作室：面积80平方米, 2006年建立, 主要培养非遗生产性保护后备人才。

5. 杭州工艺美术博物馆陈列室：面积20平方米, 主要陈列展示雕版印刷、木版水印作品, 先后接待国内外专家、学者及各级领导一百五十人次。

（二）活动

1. 西湖区西溪街道组织学习雕版与传承雕版印刷。

2014年5月, 西湖区北山街道、西溪街道文化中心联合开展了文化走亲活动, 开办雕版印刷培训班, 邀请黄小建讲述古老雕版的历

观摩

大吉（收藏品）

中华书局笺（收藏品）

"西湖十景"之一（收藏品）

吴昌硕画作（收藏品）

史、发展演变等。近五十名学员现场体验雕版印刷技艺，感受到中国传统文化的魅力。

2. 华宝斋非遗产品惊艳工博会。

2014中国（杭州）工艺美术精品博览会上，华宝斋展示的国家级非物质文化遗产杭州雕版印刷技艺，以及以此技艺制作而成的古籍线装书、木刻水印作品，让杭州市民领略了手工产品的墨韵书香。华宝斋给了黄小建用武之地。迄今为止，黄小建已刻制一千余块雕版，既有《富春山居图》《富春十景》《西湖十景》《先贤绣像》等数十种信笺，又有《百花诗笺谱》《三字经》等古籍，还有丰子恺、沙孟海等名家字画，受到好评。特别是木版水印史上的鸿篇巨制《十竹斋书画谱》（一函四册），他耗时四年，已完成雕版三分之二。

3. 通过媒体宣传杭州雕版印刷技艺。

用宣纸制作的信笺上，印着一幅《白玉兰》国画：翠绿的叶子，棕色的树干，配上雪白的玉兰花，分外雅致。仔细看那花朵，竟然并未使用任何颜色，而是巧妙地借用了宣纸的白色，通过纸张表面的凹凸显现轮廓，让画面产生浅浮雕效果……

这张令人叹为观止的宣纸信笺，诞生于富阳富春江畔的中国古代造纸印刷文化村。

据国家级非物质文化遗产项目杭州雕版印刷技艺代表性传承人黄小建介绍，它是运用饾版、拱花技术矴印出来的。饾版是雕版

"国家级非物质文化遗产雕版印刷技艺（杭州雕版印刷技艺）"牌

木刻水印的老叫法，指的是将彩色画稿按不同的颜色分别描摹在雁皮纸上，然后反贴到经过脱浆阴干处理的梨木板上，每种颜色刻成一块雕版，逐块拼印在一张宣纸的不同部位，即成为整幅图画。一幅画多的有十几块版子。拱花则是通过雕版上的纹理，在柔软的宣纸上印出凹凸暗纹，印完后的图案具有立体感，大大提高了雕版印刷的艺术性和观赏性，起到画龙点睛的作用。（刊登于2013年4月23日《杭州日报》 骆炳浩 裘一琳 通讯员 钱旭群 ）

4. 让绝技重现江湖。

"雕版印刷术发明的时间大约在隋末唐初，而拱花技术产生于明代，代表着雕版印刷发展的最高水平。古人使用饾版、拱花技术，主要衬托画中的行云流水、花鸟虫鱼、文房四宝以及人物服饰。由于在宣纸上呈现出了三维的效果，所以画面气韵生动，令人玩味无穷。"黄小建说。明代胡正言的《十竹斋笺谱》、吴发祥的《萝轩变古笺谱》中有利用饾版、拱花技术印制的图例，但由于只剩下了文字记载，却没有技法上的流传，这项技术在清代以后就罕有人掌握了。

2006年初，华宝斋富翰文化有限公司得悉，国家级非物质文化遗产杭州雕版印刷技艺传承人黄小建通过多年的摸索试验，终于让这门代表雕版印刷的绝技——饾版、拱花技术得到重生，遂邀请黄小建担任华宝斋雕版水印产品的"主刀手"。

华宝斋董事长蒋山说："杭州的雕版，字体方正挺拔，刀法娴熟，笔画转折处自然流畅，不露刀痕，忠实于字体的本色。这种明朗的风格为士人所追捧，时人叶梦得《石林燕语》评价宋代各地刻书业时云：'天下印书，以杭州为上。'作为杭州本土的一家文创企业，华宝斋有责任为发扬光大杭州雕版印刷技艺尽一分力。我们有古籍宣纸生产、影印出版、销售渠道等方面的优势，能够为黄师傅提供绝技传承与发展的良好平台，可以说，我们与黄师傅是不谋而合、一拍即合，所以这几年来合作非常愉快。"

5. 雕版印刷技艺工作室成为文化村的亮点。

2013年4月24日，由富阳市委宣传部、富阳市教育局主办的"爱我富阳·华宝斋携手幸福的蒲公英点亮美丽富阳梦"公益活动正式启动，活动组织富阳的民工子弟学校、红十字救助学校学生走进中国古代造纸印刷文化村，免费参观体验中国古代四大发明中的造纸

雕版印刷技艺走进周浦小学

术和印刷术。

　　据悉,作为"杭州市爱国主义教育基地""杭州市青少年科普教育基地",中国古代造纸印刷文化村每年都要面向青少年推出公益活动。

　　黄小建的雕版印刷技艺工作室,自然是孩子们最喜欢的地方。面对一双双求知的眼睛,年届花甲的黄小建一边在梨木版上演示刀法,一边耐心地讲解:"木刻水印使用宣纸印刷是它与现代印刷最大的区别,雕版印刷能够再现后者无法表现的笔墨浓淡。特别是中国书法中的枯笔,只有木刻水印才能真正复制出原味来。"

　　"这门手艺,对学徒的要求可高着呢!学习者需有一定的美术

美国芝加哥公立中学代表团学习雕版印刷技艺

基础，对书法、国画、篆刻、古文要有较高的修养。而且，由于它是一种传统工艺，纯手工操作，需要慢工出细活，耐得住寂寞，起码要五六年才能出师。到现在为止，跟我学的只有三个人哦！我坚信，手制的东西必有其独特的存在价值，手工带给人的温暖也不是流水线能够取代的。"华宝斋董事长蒋山说。

传承非物质文化遗产最重要的是要有活的载体继承，企业一方面要用待遇、用真情留住黄小建这样的大师，另一方面要支持他培养后继人才。华宝斋在积极参与以"继绝存真、传本扬学"为宗旨的"中华再造善本工程"的同时，积极开发价格平民化的木刻水印产品，让更多的人能够感受到中国传统文化的魅力。

主要参考文献

1. 曲德森主编、胡福生执行主编:《中国印刷发展史图鉴》（上、下册），北京艺术与科学电子出版社、山西教育出版社合作出版，2010年。

2. 顾志兴:《浙江印刷出版史》，杭州出版社，2011年。

3. 张树栋:《中华印刷通史》，印刷工业出版社有限公司，1999年。

4. 仇家京:《两宋雕版印刷黄金时代中的杭州刻书业研究》，2011年。

5. 张秀民:《中国印刷史》，浙江古籍出版社，2006年。

6. 曹 之:《中国古籍编撰史》，武汉大学出版社，1999年。

7. 陈先行:《打开金匮石室之门·古籍善本》，上海文艺出版社，2003年。

8. 戴南海:《版本学概论》，巴蜀书社出版社，1989年。

9. 李万健:《中国古代印刷术》，大象出版社，2009年。

后记

　　浙江省积极推进非物质文化遗产保护工作，近年来取得明显成效。为了进一步挖掘、抢救、保护和宣传我省的非物质文化遗产，唤起人们对民族文化遗产的热爱之情，增强广大群众的保护意识，浙江省文化厅、浙江省财政厅组织专家学者编写"浙江省非物质文化遗产代表作丛书"。西湖区北山街道综合文化站作为国家级非物质文化遗产项目杭州雕版印刷技艺保护和传承单位，领受了丛书之一《杭州雕版印刷技艺》，并在西湖区非遗项目保护工作领导小组的关心、指导下，成立《杭州雕版印刷技艺》编辑委员会。为完成编撰任务，北山街道综合文化站组织相关人员，全面搜集、记录、整理与雕版印刷技艺有关的历史文献、实物资料，并拍摄相关照片。特别是与项目传承人多次沟通，取得有关杭州雕版印刷技艺的资料，还经过实地调查考证、个别访问以完善内容，终于完成书稿的撰写工作。在此感谢杭州黄小建雕版印刷技艺工作室提供资料和照片。

　　杭州雕版印刷技艺历史悠久，源远流长，技法独到，刻工精巧，印刷精美，具有鲜明的技艺特征、丰富的艺术内涵及文化价值。它不仅是杭州文化历史的见证，更是优秀传统文化的重要组成部分。

　　本书在编写过程中，得到浙江省文化厅、浙江省非物质文化遗产保护中心、西湖区非物质文化遗产保护中心的大力支持，并得到浙江省非物质文化遗产保护专家委员会委员王其全教授的指导和帮助，在此谨致以诚挚的感谢。

　　由于时间仓促，肯定有遗漏和不当之处，恳请读者、专家谅解和指正。

作者

责任编辑：唐念慈

装帧设计：薛　蔚

责任校对：朱晓波

责任印制：朱圣学

装帧顾问：张　望

图书在版编目（ＣＩＰ）数据

杭州雕版印刷技艺 / 杨杭芳，洪莉华编著. —— 杭州：浙江摄影出版社，2016.12（2023.1重印）

（浙江省非物质文化遗产代表作丛书 / 金兴盛总主编）

ISBN 978-7-5514-1660-3

Ⅰ. ①杭… Ⅱ. ①杨… ②洪… Ⅲ. ①木版水印—介绍—杭州 Ⅳ. ①TS872

中国版本图书馆CIP数据核字(2016)第311037号

杭州雕版印刷技艺

杨杭芳　　洪莉华　编著

全国百佳图书出版单位

浙江摄影出版社出版发行

地址：杭州市体育场路347号

邮编：310006

网址：www.photo.zjcb.com

制版：浙江新华图文制作有限公司

印刷：廊坊市印艺阁数字科技有限公司

开本：960mm×1270mm　1/32

印张：5.25

2016年12月第1版　　2023年1月第2次印刷

ISBN 978-7-5514-1660-3

定价：42.00元